~十勝の宝石~

由美ちゃん、ワイン造るの？

父丸谷金保へのオマージュを込め、
寒冷地適合品種「山幸《やまさち》」のポテンシャルを探す

田辺 由美 著

00

プロローグ

私が生まれ育った池田町は、北海道十勝平野のほぼ中央部に位置し、畑作と酪農のパラダイス、豊かな田園風景が広がる地帯です。冬は極寒ですが、日高山脈の東側で太平洋に面しているため、雨も雪も少なく、年間を通しての日照時間は日本で一番、「十勝晴れ」と呼ばれる所以です。

大豆をはじめとする豆類、トウモロコシ、シュガービーツ、ジャガイモ、長いも、小麦、そして酪農も盛んで、ヨーロッパの農業地帯のようです。そして、近年は「いけだ牛」も有名になってきています。

そんな、十勝池田町ではもう一つ、《ワイン》という宝石が造られています。１９６３年、人口１万５千人弱の小さな町を任された町長はヨーロッパの酪農研修に参加し、そこで得たアイ

デアがワイン醸造でした。ワインで町を興すというバカなことを考えた男こそ、私の父、丸谷金保です。

その意思を継ぎたい、その意思を後世に残したいとの思いが、父へのオマージュとしてワイン造りへと私をかき立てました。これには、「十勝ワイン（池田町ブドウ・ブドウ酒研究所）」の理解と多大な協力を得たことは言うまでもありません。そして、素人の私に指導してくれた廣瀬秀司エノログの力があってこそ成しえたことでした。

私のワイン造りを暖かく見守り、収穫から醸造まで手伝ってくださった、十勝ワイン関係者の皆さん、同窓生や友人、ワインスクールの先生と生徒、先輩諸氏に心より感謝をしながら、ワイン造りを志した、この1年半の痕跡を語らせてください。

冬でも培土の必要のない「山幸」

目次

01

素人にワインが造れるのか

父が亡くなったその日、私は塩尻のワイナリーを訪ねるべく、前日から長野県塩尻市にいました。そして、父の危篤の知らせを姉から受けたのは、父との交流が長い長野県塩尻市㈱アルプス会長の矢ケ崎啓一郎会長を訪ねる直前でした。折しも日本ワインの草分けの一人、矢ケ崎会長が、父の最後が近いことを伝えた最初の方となりました。早速、会長は北海道に向かうための、塩尻からの電車の時刻を調べるようにスタッフに依頼してくれました。その間、矢ケ崎会長から父との思い出話を聞くことができました。

父は単に十勝ワインにとどまらず、日本ワイン全体のために、どのようにワインの品質を高めるか、いかにして消費者に真面目に造ったワインを知ってもらうか、免許や税金、ぶどう栽培農家が抱える問題を、国税庁や農水省に対して働き掛けを行っていました。矢ケ崎会長は私の知らなかった父とワイン業界との関わり合いの思い出話をしてくれました。懐かしい写真も見せていただき、その瞬間、我慢していた涙があふれてきて止まらなくなりました。

２０１４年６月３日、塩尻から、私の故郷北海道の池田町まで、その日のうちに到着できたことは奇跡のようです。とりあえず、あずさに乗って新宿へ、そして、羽田から帯広へのフライトに乗ることができました。残念ながら、父の死に目には会えませんでしたが、享年94歳11か月、死因は老衰、最後まで十勝ワインを愛し、生まれ故郷池田町に住み続けた男の大往生でした。

この父の死が、私をワイン造りへと導いてくれました。

さて、子供の時からワインに親しみ、ワインの業界に入って30年以上がたったとしても、ずぶの素人の私にワインが造れるのか？と自問し、得た答えは「ノー！」でした。しかし、一方では、「今まで何百人いや何千人という世界中の生産者から、ぶどう栽培・ワイン造りの話を聞いては、記事にし、生徒に話してきたではないか。」と。世界各地の産地を訪ね、栽培・醸造に関しての耳学問だけは人に負けないものがあり、それが、私の武器となって、誰よりも優れたワインを造る可能性があるかもしれないと思うこともありました。

「素人がワインを造る」。この意味合いには私自身への挑戦もありました。勿論、最後までやり遂げることができるのだろうかという、大きな不安は最後まで続きました。

父が、亡くなったのは２０１４年６月３日。もやもやを抱えながらあっという間に夏となり、そして、収穫の時期が目前に迫ってきました。ぶどうは待ってはくれない、不安を抱いたままワイン造りが始まりました。

02

廣瀬秀司エノログとの出会い

父の最後の世話をしてくれた気の優しい3人がいました。父にワインを届け続けてくれた和田さん、父の口述筆記を続けてくれた山畑さん、そして父の細かな事務処理を担当してくれた廣瀬さんの3人です。

父は「廣瀬のワイン造りは最高だ。彼のエノログとしての才能は、どこにでも通用する。」と晩年私によく話してくれました。どうして、廣瀬さんが十勝ワインでワイン造りをするようになったのかの関わり合いは、彼自身に語ってもらう方が良いでしょう（112ページ）。

「十勝ワイン」は通称で、正式名は池田町ブドウ・ブドウ酒研究所と言い、1963年に創業した、日本で初めての地方自治体が運営するワイナリーです。既に、50年を超える歴史を持つ日本でも老舗のワイナリーです。

一般のワイナリーと違う点は、ワイナリーで働くためには、自治体の職員となる、すなわち地方公務員でなくてはなりません。従ってワイナリーで働いていた人が、住民課や教育委員会に移動になることも、頻繁に起きるわけです。

父が弱り始めた2013年の後半から池田に帰る機会が増え、何度となく廣瀬さんと父のこと、最近訪問したワイン産地のこと、日本のワインのこと、そして十勝ワインの話をするようになりました。廣瀬さんの十勝ワインで行ったこと、十勝で改良した「清見《きよみ》」や交配した「山幸《やまさち》」の話を聞きながら、十勝ワインの将来を常に心配していた父の言葉をかみしめるようになってきました。

この時期、既に山梨や長野そして北海道のワイン産地では新しい目標を立て動き出すワイナリーが増えてきました。「原料は国産ぶどうに拘る。」、「生産量を減らしても、品質の良いワインを造る。」、「甲州種の特性を探しワインのスタイルを見直す。」、「シャルドネの畑を広げる。」など、次々と新しい動きが出ています。現在、北海道には30のワイナリーがあります。そのほとんどは2000年以降に創設されたワイナリーです。北海道のポテンシャルを確信し、ぶどうの本質を見極めた品質本位のワイン造りを掲げています。この流れはこれから増々スピードを加速させ進んでいくことは目に見えています。

どうして、野生のアムレンシス[*1]からのワイン造りを止めてしまったのだろうか？どうして、評判の良い「清見」をもっと栽培しないのだろうか？との私の疑問に廣瀬さんは丁寧に十勝ワインの生い立ちや「山幸」のことを語ってくれました。そして廣瀬さんの話を聞きながら、寒冷地に適合した品種、「山幸」のポテンシャルを探すことが大切だと考えるようになりました。

醸造家、廣瀬秀司の存在が唯一無二となりました。

*1　ロシアと中国の国境を流れる、アムール川流域の森のぶどうで、カスピカ種を先祖とする醸造用ぶどう。十勝を中心に北海道東部に自生し、ワイン醸造用に向いているが、実を付けない年があるなど、栽培が難しい。

03

「山幸」への挑戦が始まった

　父は十勝ワインがアムレンシスを使ったワイン造りを中断したことを知り、これから十勝ワインはどうなるかを心配していました。それは、アムレンシス以上のワインを造るぶどうが十勝に無いからです。「清見」はとてもエレガントで良いワインと成りますが、なかなか栽培面積が広がりません。どうしてかというと、「清見」は越冬が難しい品種で、剪定を早めに終わらせ、培[*1]土の作業が必要だからです。培土は機械化された作業ですが、培土された土は春には取り除かなくてはなりません。この排土は相当の手作業を要するため、ぶどう栽培農家にとっては大きな負担となります。

　一方の「山幸」は「清見」のように培土と排土をしなくても育つ、十勝のテロワールに合った、スーパースターです。「清見」[*2]とアムレンシスの交配種で、しかも「山幸」は父方のアムレンシスの遺伝子を多く持っているために、父が好きだったアムレンシスに似た特性を持っているのです。人間の親子と一緒で、良いところだけでなく、悪いところも似ているということです。

　「山幸」で美味しいワインを造らなくてはだめなのでは？と、私の中で色々な思いが、走馬灯のように浮かんでは消え、を繰り返

2014年9月14日「山幸」あと収穫まで1か月以上かかる

しました。

もしも「山幸」で美味しいワインができたら、きっと十勝ワインは今以上に発展する…ぶどう栽培とワイン産業で十勝を活性化できるかもしれない。もっと多くのワイナリーが新設できるかもしれないと、夢は膨らんでいきました。

一方では、美味しいワインができなかったら、父には申し訳ないが、「山幸」は諦めた方が良いかもしれない、これでだめだったら、かつてハンガリーから導入した品種ツヴァイゲルトレーベがあるではないかと…

こうして、「山幸」への挑戦が始まりました。

*1 冬期の氷結によるダメージから樹を守るために、土をかぶせる作業。春には排土を行い、土中で冬を越した枝を地表に出す。

*2 山ぶどうの一種アムレンシスは、果実を付けないことがあり、栽培は難しい。一方、交配種は「山幸《やまさち》」と「清舞《きよまい》」がある。「清舞」は「清見」に近い性格を持っている。

《交配と交配品種》

改良品種

「清見《きよみ》」…１９６６年に、フランスで育成された「セイベル13053」を5シーズンかけてクローン選抜を行い、枝梢の登熟が良く、果房も密着で豊産性の赤ワイン品種「清見」が誕生した。この品種が育成された畑のある住所（ワイン城の所在地に同じ）が「池田町字清見」であることから名付けられ、色合いはやや薄く、独特のブーケ（熟成香）はフランスのブルゴーニュ地方で造られるピノ・ノワールを彷彿させる香りを持ち、北国ならではの豊かな酸味と軽快な味わいがある。クローン選抜とは、同一品種の中から、有用な性質を持った個体を選抜する方法で、耐寒性や耐病性、豊産性などに優れた性質を持つ個体を見つけ出し、改良する育種法。

交配種

寒さに強い山ぶどうの特性を生かし、その山ぶどうと醸造用品種を交配し、耐寒性が高く、かつワイン用として高品質となるぶどうの開発を行い、交配品種数は2万１０００種を超え、その中で「清見」と「アムレンシス」の組み合わせから出来た品種。清見のぶどうが開花しはじめる寸前の健全なつぼみを選び、自家受粉しないようにキャップを外し、ピンセットでひとつひとつ除雄《じょゆう》（雄しべを取り除く）した後、雌しべにアムレンシスの花粉を受粉させる。その後、袋かけ、ラベル付けなどの作業を経て結実したら収穫し、種子を保存し、翌年種をまき、発芽した場合は畑に移植して育苗する。

交配品種

「清舞」と「山幸」…農水省に品種登録されている、耐寒性交配品種の「清舞(登録年２００６年)」と「山幸（登録年２００６年）」は、いずれも清見とアムレンシスの交配品種。この2品種から造られるワインの性質は両極端で、「清舞」は、「清見」譲りの淡い色合いで、爽やかな酸味、軽快な味わいが特徴である。一方の「山幸」は色も濃く、野趣溢れる香味がある。しかも、渋味や味わいの深みはアムレンシスを超える可能性がある。いずれも十勝ワインの将来を担う存在として大きな期待が寄せられている。これらの品種は耐寒性に優れ、培土しなくても越冬できることから栽培しやすい。

04

さあ、初めての収穫

２０１４年10月20日９時。やや曇りがちの朝を迎えたが、心は晴れ晴れとしています。「うわー！甘い」が山幸の粒を口に運んだ時の誰もが発する最初の言葉でした。「せっかくだから皮と種までしっかりと味うこと。」と誰かの声。

赤ワインの味わいはこの果皮が大切な要素となります。色がつくだけではなく、タンニンを含むポリフェノールをはじめとする、複雑な香りや味わいはここから来ているのですから。「熟していないぶどうの種は青汁のようだけど、完熟したぶどうの種は青臭くない。」、「これはブリックス[*1]24～25はあるね！」。と誰もが、自分が係わるワインへの期待は高く、朝の冷たい空気を振り払うように心は熱く燃え上がっています。

収穫には十勝ワインの方は勿論のこと、私の同級生が会長を務める地元の「池田ワイン友の会」のメンバー。このメンバーには現役そして嘗ての十勝ワインの関係者、すなわちぶどう栽培やワイン造りの経験者が多くいます。「田辺由美のワインスクール 帯広校」の吉野先生率いる生徒の皆さん、その他、十勝ワインが大好き、十勝ワインの発展を願う方が、朝早くから集まってくれました。

慎重に収穫

イタリアレストランのソムリエ、茶畑さん

前所長の内藤氏と収穫の打ち合わせ

腐敗果と未熟果は手作業で取り除く

ぶどうの糖度をチェック

収穫時の「山幸」

場所は、池田町千代田にある、陶久ぶどう畑。ここは既に20年以上前から、池田町が借り上げてぶどう栽培を行っている要となる畑です。ふんべ山からなだらかに南傾斜した約17haの畑で、十勝川から数百メートルの場所にあるため、朝霧がかかり、その霧が早朝の寒さからぶどうを守ってくれます。

　ドイツのラインガウ地方やニューヨーク州のフィンガーレークス、そして池田町と姉妹都市のカナダのペンチクトン市がある、ワイン産地オカナガン・ヴァレーと同じように、川やかつて氷河であった細長い湖沿いの丘陵地帯は、寒冷地のぶどう栽培に適した、マイクロ・クライメットを持っているのです。

　さて、やや霧がかかった朝でしたが、気温は暖かく、最高の収穫日和となりました。当時ワイナリーの所長の内藤さんが選んでくれた区画は、樹齢14年を迎えた最高の場所でした。これから、３９９本のぶどうの収穫を始めます。この広さですと、約２トンが取れます。１本の樹から収穫できる量は約５kg。房数にして約15程度でしょうか？

　最初に収穫にあたっての注意がありました。それは、ゆっくり収穫して良いから、「腐敗した箇所を取り除き、完熟していない粒は取り除き、樹の上についている二番果[*2]は収穫しないように。」ということでした。

　用意してくれた、集荷ハサミと20キロ入りのバスケットを手元に置いて、注意事項を守りながら、美味しいワインの第一歩の収穫作業が、９時から12時まで続きました。総勢35名、目を凝らし、健康なぶどうの房だけをかごに入れ、ゆっくりと、しかし確実においしいワインができることを確信しながら収穫作業が進んでいきました。時々のつまみ食いは、完熟したぶどうと破棄するぶどうの違いを知るために大切であることも、皆が理解したことでした。

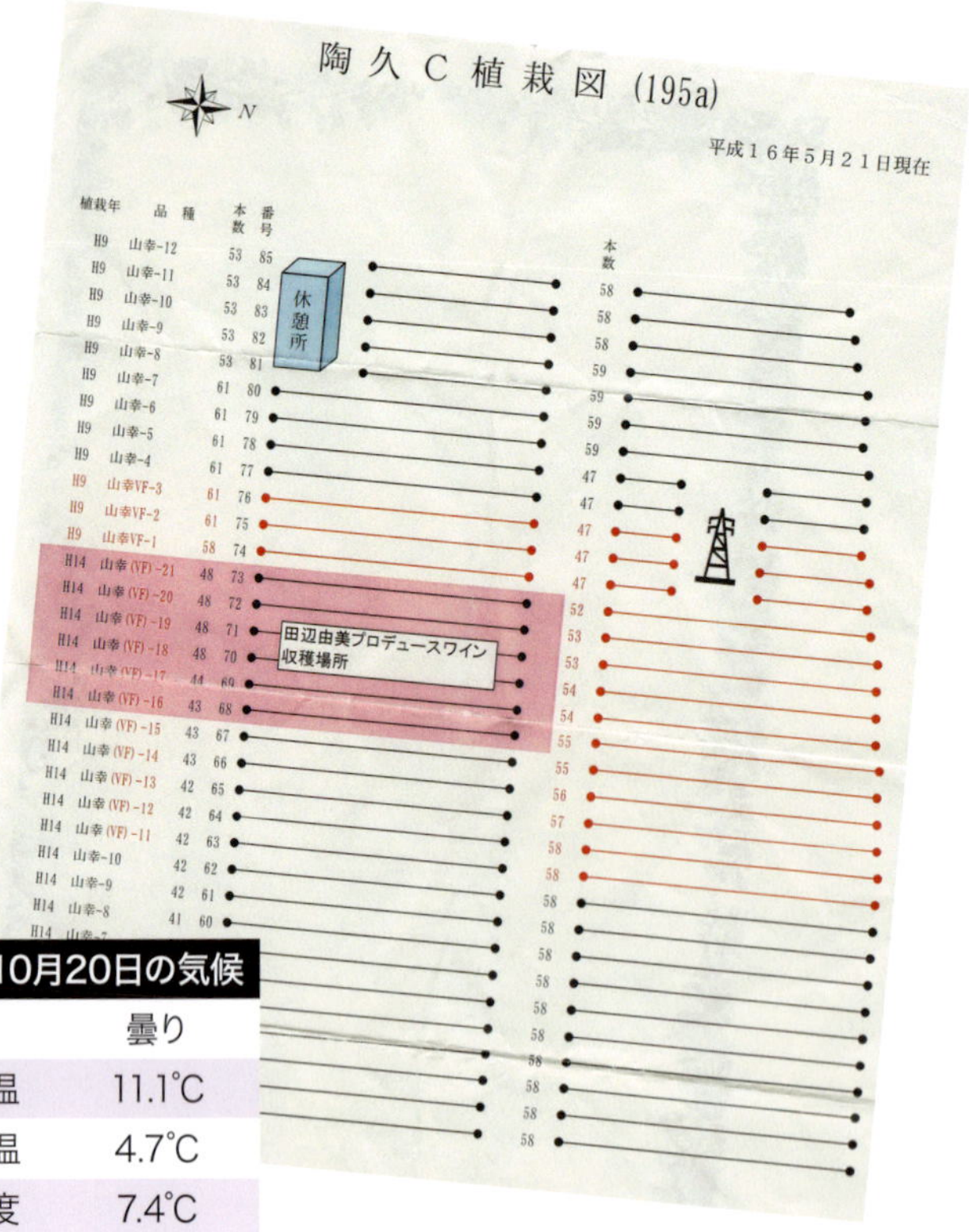

色の付いている樹齢14年の区画を収穫

2014年10月20日の気候	
天気	曇り
最高気温	11.1℃
最低気温	4.7℃
露点温度	7.4℃
湿度	78%
風向	西南西
風速	1m/s

「どうして上部に実っているぶどうを収穫したらだめなの?」、「食べて比べてみたら?」、「あれ！全然違う。上になってるぶどうは、色は付いてるけど、全く甘くないね。だめだこれは。これが二番果か。」と、頭で勉強しているのと、実際の畑での経験は異なることも皆が気づいてくれたようです。

ぶどうの収穫は屈んで行うので、腰がすぐに痛くなります。が、なれない収穫の作業も休むことなく、そして、一粒でも悪いぶどうは収穫しないという気持ちの作業が続き、その結果、当初の予定を30％も下回り、結局、収穫量は1466kgとなりました。30％も畑で選果したことになります。これが、今回のワイン造りに重大な意味をもたらします。12時、曲がった腰を伸ばし、無事収穫が終了しました。

*1 Brix値は20℃のショ糖溶液の質量百分率に相当する値で、例えば、蔗糖1gが溶け込んだ水溶液100gをBrix屈折計で測定したときその示度Brix値は1％となる。

*2 蔓の上のほうについてる房で、開花が遅く、完熟していないことが多い。

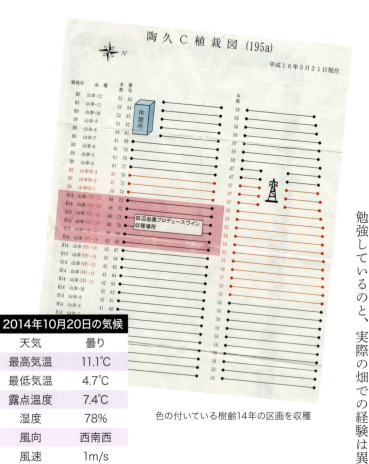

05

ワイン造りは、いかに「負」を取り除くか

「山幸」の欠点は何か？どうして、青臭い風味が出てしまうのか？「山幸」の「負」をいかに取り除くかが、今回のワイン造りのテーマです。

廣瀬エノログが私に教えてくれたことに、「ワイン造りはいかにぶどうが持っている『負』を、すなわちマイナス要因を取り除くかにかかっている。」があります。

では、「山幸」の『負』とは何かというと、山ぶどうに由来する「青臭さ」に尽きます。茎と梗《こう》に由来する成分が、発酵途中に果汁に溶け込み、悪さをするからです。梗が弱い「山幸」は、除梗《じょこう》機で行うと、分断された梗そのものや、果粒に付いたままの状態でタンクに送られます。その状態で発酵させると梗から青汁のような、「グリーンフレーヴァ」が出てきてしまうのです。

このところ、世界のワイン醸造の話題の一つに、「全房発酵」[*1]が良いのか、「粒発酵」が良いのかがあり、特にピノ・ノワールで試す傾向にあります。ブルゴーニュ地方で、かつて全房発酵が行われていたので、その意義はあるのでしょう。でも、カベルネ・ソーヴィニヨンを使うボルドー地方で全房発酵は聞いたことがありません。茎や梗を一緒に発酵させると、「青臭さが非常に強く

出て、若い麻のような香りがついてしまう。」というのが一般的な見方です。

ボルドーの主品種、カベルネ・ソーヴィニヨンは18世紀に、カベルネ・フランとソーヴィニヨン・ブランの交配種としてできた品種です。

実は、カベルネ・フランとソーヴィニヨン・ブランは、いずれもフランス中央部に自生する野生ぶどうだったのです。ですから、その交配種のカベルネ・ソーヴィニヨンにも野生の血、すなわち、茎の成分に含まれるメトキシピラジン*2が多くあるのです。

今でこそ、茎や梗の除去は機械で行っていますが、少し前までは、除梗だけをすることはなかなか難しい作業でした。そのような時代にボルドーの有名なシャトーではどのようにして梗を取り除いていたのでしょうか？

10年ほど前ボルドーのシャトーを訪問したとき、2メートル四方もの大きな「餅焼き網」があったので、「収穫後にこれでバーベキューでもするのですか？」とバカなことを尋ねてしまいました。シャトーのオーナーは「今から30年ほど前まではこれを使って除梗をしていたのですよ。」としぐさをしてくれました。

大きな「餅焼き」の道具の網目は丁度、ぶどう粒の大きさになっていて、網の上に房をのせ、手のひらで房を動かして、粒だけが下の桶に集まるようにしたのです。品質へのこだわり、「負」を取り除く大切さは、ワイン造りの基本であることを知りました。

さて、世界中で素晴らしいカベルネ・ソーヴィニヨンのワインが造られるようになり、果実味豊かな厚みのあるワインが好まれるようになると、天候の良いカリフォルニア州やオーストラリアのワインに負けないカベルネ・ソーヴィニヨンを造るため、冷涼で青臭さが残りやすいボルドーのシャトーでは梗の除去に神経質にならざるを得なくなります。

そこで、始まったのが除梗のあとに行わ

腐敗果と未熟果はほとんどコンテナーには見られない

「山幸」

れる、セレクション[*3]（選果）という作業です。この10年ほどの間に、いかにセレクションを綿密に行っているかがシャトーの自慢となってしまいました。

ペサック＝レオニャンを代表するシャトー・パプ・クレマンを訪問すると、いかにセレクションを丁寧にしているかがビデオで繰り返し放映されています。その時は、「そうか、この作業は大切なことなんだ」程度の印象でしたが、今、「山幸」と向き合っていると、そのときの映像を見せたオーナーの気持ちがひしひしと蘇ってきました。

*1 「全房発酵」は梗を取り除かず、房のまま発酵させること。「粒発酵」は除梗し粒だけを発酵させる。

*2 カベルネ・ソーヴィニョンやソーヴィニョン・ブランに多く含まれる香りの成分で、ピーマンのような青っぽい香りと土っぽい香りとして表現される。グリーンフレーヴァ、グリーンタンニンとも表現される。

*3 ぶどうの選果。腐敗果や未熟果を取り除く作業で、収穫時のぶどう畑や除梗後に選果台を使って行う。

06

収穫後の昼食はフランスをイメージ

2014年10月20日12時〜。10月も後半に入ると十勝は気温が急激に下がります。外での長時間の収穫作業は体の芯まですっかり冷え切ってしまいます。でも、今日は特別。寝ずに、仕事場から駆けつけてくれたソムリエも、地元のワインを盛り上げようとの熱い気持ちから、寝不足も感じさせない、エネルギーがみなぎっていました。

「帯広に住んでるのに初めて収穫に参加しました」、「ワイン用ぶどうの甘さにびっくり」、「腰が痛いよ」の言葉に交じって、「今日収穫したぶどうのワインはいつ飲めるのだろう?」と気の早い声も聞こえました。

十勝ワインのエノログであった、中林さんや大井さんは「ことしの『山幸』の将来が楽しみ。こんなすごいぶどうが収穫できるようになった。」と感無量な面持ちでした。

私がイメージするランチは、フランスの収穫のスタイルです。収穫には親戚、学生アルバイト、季節労働者と国内にとどまらず、あちらこちらから多くの人が集まってきます。しかも、今回のように半日で終わるわけではありません。数日、いや途中で雨が降ったりすると延長になってしまいます。

それだけ、収穫時のマネージメントはシ

ャトーのオーナーにとって大切なことなのです。加えて、オーナーにとって、彼らの食事の準備も大切です。重労働の割にはそれほど多くのアルバイト料は払えませんし、ボランティアの人も多くいます。それでも、毎年欠かさずヴァンダンジュ（収穫）に参加してくれるのは、実りの秋を一緒に享受したいと思う人間としての本能かなと感じます。

そうして、もうひとつの本能の「食」は大切なファクターです。シャトーではランチとディナーだけでなく宿泊施設も用意しなくてはならない時もあります。

ここで、大切な「食」の采配はオーナー夫人にかかっています。午後も働いてもらう、明日も働いてもらう、来年も来てもらう…その要は食にあります。暖かいシチューや元気になる肉とパン、加えて欠かせないのがワインです。どのシャトーでもワインが食事に出されます。誰もが疲れを忘れ、笑顔になるのはワインのお陰と言っても良いでしょう。いつかはそんな収穫風景をと心に抱いてはいました。

今回は池田町で初めてのソムリエの認定となった、田中健二ソムリエが営む「聚楽の息子」にお弁当をお願いしました。その日のランチは田中ソムリエのお母さんと夫人が心を込めて作ってくれました、大きなおむすび、特製卵焼き、漬物…そして、大切なワインは提供いただいた「トカップ」です。こんなジャパニーズ・ハーヴェスト・ランチは皆から好評を得て終了しました。

収穫が終わりトラックでワイナリーに運ばれる

07

セレクション・テーブルが待っている

ナパのワイナリーでカルトワインのMAYAを造るダラ・ヴァレ・ヴィンヤードは、日本人の直子さんが今は亡きご主人と始めたワイナリーです。2010年秋、丁度収穫時に数日このワイナリーに泊めていただき、私もセレクション（選果）を手伝わせてもらいました。

ナパ・ヴァレーのように、ほとんど腐敗の無い健康なぶどうを収穫できる産地でも、セレクションは欠かせない作業です。セレクション・テーブルと呼ばれる台を挟んで、7～8名が並び、ベルトコンベヤーで運ばれるぶどうから、未熟果や腐敗果、茎や梗

2014年10月20日午後1時～。ワインと美味しいお弁当を食べ、エネルギーが回復したメンバーは、午前中収穫した1466kg、約100箱のコンテナーのぶどうと向き合うことになります。「セレクション・テーブルが短い。」「田中君、もっとゆっくり入れてくれよ、そうしないと、茎や梗が取り切れない。」「振動するぶどうを見ていると気持ち悪くなる。」、「手袋が糖分でベトベトだ。」、「写真をもっと撮りたい。」など、テーブルの周りから色々な声が聞こえはじめ、そのたびに笑いや頷きがあり、みなの心が一体となり、単純作業に弾みがつきます。

少しずつ、除梗機にぶどうを投入

除梗機を通った「山幸」の粒は、軽く振動する。セレクションテーブルに移り選果を行う

を除いていきます。たまたま収穫時にセレクションを行っているワイナリーを訪れると、ほとんどと言って良いほど、オーナーや醸造責任者が立ち会っています。それだけ、ワインの品質が求められる時代になってきた証なのでしょう。

セレクションが終わると発酵槽に移る。それと再度チェックする元所長中林氏

細かな「梗」まで取り除く

選果が終わったぶどう

除梗機で取り切れなかった「梗」は人間が取り除く

前述したように、今回のワイン造り、醸造のテーマは「いかに『負』を取り除くか」です。この拘りが損なわれてはワイン造りは失敗です。

そんな気持ちを廣瀬エノログが作業を始める前に皆に伝えました。「『山幸』から『負』を取り除く最初の作業は、ぶどう畑で皆さんがしてくれた、未熟果と腐敗果を取り除くことです。そして次に大切なことは、今から始まる選果で、梗をどれだけ取り除くかです」。「山ぶどうに由来する『山幸』の欠点は、茎が弱いため切断された茎が粒に混ざって除梗機から出てくること、梗の離れが悪く顆粒に付いて出てくることです。そして、この茎と梗にはワインになった時に残ってほしくない、『青臭さ』が含まれています。」との、激励ともいえる強い思いを話してくれました。

コンテナーから除梗機にぶどうを入れ込む力作業は、このワイン造りに最初から最後までかかわってくれた、田中ソムリエが担うことになりました。

「入れるのが早いよ。もっとゆっくり。」とワイナリーのスタッフからの指示を忠実に守り、10箱も経験すると、まるで、ワイナリーの醸造スタッフのようになってきました。

回転しながら除梗され、丸い穴を通って、セレクション・テーブルに落ちてきたぶどうには、廣瀬エノログが言っていたように、折れた梗やぶどう顆粒に付いたままの梗が混じって次々と流れてきます。

最初は気楽に考えていたこの作業の難しさと大切さが時系列とともに体にしみわたってきています。少しでも良いぶどうだけにしたい、少しでも「負」を取り除きたい、そして良い粒は一つたりとも無駄にはしたくないとの思いも作業をする人々の心をとらえるようになってきました。

セレクション・テーブルに肩を擦れ合うかのように陣取った作業人は、目を凝らして無我夢中で、選り分けています。「これは、止まらなくなる。何だろう、中毒のようだ。」とほとんどその場から離れなかったのが、北海道ホテルの吉野祐一ソムリエと帯広屋台村でワインバーを営む阿部誠ソムリエでした。

「梗が付いたままの粒が過ぎていく。お願いだから藤田さん、茶畑さん取り除いてね。」と後方に並ぶ人に向かってお願いとも命令とも言えない言葉が自然に出てしまいます。

誰もが夢中になり、無口になり、止まらなくなったセレクションが終わったのは5時過ぎ。北国の日没はこの時期既に早くなっていて、日は沈み、外はすっかり暗くなっていました。

誰でもできるセレクション、でも、この作業の重大さを誰もが理解し始めていました。廣瀬エノログは次、何を指示するのだろうか？私は彼の一言一言を心の底に重く感じ始めていました。

08

支えてくれる仲間たちと反省会

２０１４年10月20日午後6時。反省会とはなんと響きの良い言葉だろうか？反省会と懇親会、飲み会はイコールですね。私の信じていることに、「ワインを介した食事会で、悪口や罵声は無い」という言葉です。人間、悲しかったり、怒ったりすると体が酸性になるそうです。アルカリ性のワインを飲むと自然に、「性善説」の心になるのです。だから、ワインと一緒に仲間は集うのです。

　収穫とセレクションを終え、充実感がみなぎっていました。一緒にセレクションを手伝ってくれた、元十勝ワイン所長の中林司さんは「由美ちゃん、凄いよ！これだったら良いワインができること間違いない。ここまで、収穫に拘ったのは初めてだ。」とぶどうを確かめながら教えてくれました。

「山幸」は試験醸造されていた時には、「IK3197」のコード番号がつけられていた。1995年産

　そして、心躍る気持ちで、私を支え、手伝ってくださった仲間との反省会に、明る

無事収穫と選果が終わりまずは乾杯

い顔で参加させてもらいました。その時に飲んだワインはセラーから選んだ私の大好きなワインたち、そして、ワイナリーから提供いただいた、「山幸」の古いヴィンテージでした。

十勝ワインは、今日手伝ってくださった、多くのOBの方々の作品でもあります。十勝ワインでは醸造したワインをワインの熟成状況、ヴィンテージの状況、そして、ワイナリーの次の世代への研究のためにライブラリーに一部を残しています。これは、日本のワイナリーではほとんど見ることができません。熟成するワイン造りを目指したワイナリーだからこそできたことなのです。

反省会は今後のワイン造りで活躍をしてくれる、米倉寛之さんが経営するレストランで行われました。「レストランよねくら」は駅前の老舗で、十勝牛といけだ牛を中心にした、ステーキ、ハンバーグ等の洋食レストランです。また、駅弁、バナナ饅頭で池田の食文化を支えています。今日は反省会のためにスモークサーモンのマリネ、ビーフシチューとワインに合わせた料理を用意し待っていてくれました。

池田の町民は浴びるようにワインを飲みます。でも、決して酔うことはありません。これもワイナリーを始めたときからの鉄則です。口にはしなくても、「ワインを飲んでの二日酔いはワインに失礼」の掟が守られています。

今日も何本、何十本あけたのだろうか。こんな充実した一日を与えてくれた、皆様に感謝し、反省会を終了しました。ワインの仲間は嬉しい。郷土の仲間は心の支えです。午後7時50分、記念撮影をして疲れた体を吹き飛ばしてくれたワインと料理、そして皆と別れ、この晩は早目に床につきました。

この日、NHK帯広支局が取材に来てくれました。翌朝、興奮冷めやらず目を覚ましテレビをつけると、昨日の収穫の様子がニュースで流れていました。タイトルは「元丸谷池田町長をしのぶ特別ワイン」とテロップが。

どのようなワインになるのか、最後まで関われるのか、不安を抱えながらも、これで後には戻れない。胸を張って、評価してもらえるようなワインを造らなければと、自分を戒める、緊張した朝を迎えることになりました。

2014年10月21日6時55分。テレビを通して伝えた私のコメントで、「父、丸谷金保へのオマージュと『山幸』のポテンシャルを探すために、このプロジェクトを始めました。」と言い切ったものの、新たな不安が私を襲ってきました。

09

発酵前に論議。補糖と培養酵母

収穫を終え、糖度を測りました。ブリックスを測って得た数値は、2つのタンクで微妙に異なり、片方は21.8ブリックス、もう一方は21.7ブリックスでした。ワイナリーのラボに何気なく張られたメモ用紙には、「YS田辺」と「YS田辺2」の簡単な表記。これは、「Y＝山幸」「S＝スペシャルキュヴェ」を意味しています。このブリックスの数値を見ながら、議論が始まりました。テーマは補糖です。

私「このブリックスではアルコール度数が13％にならないので、補糖したい。やはり、13％のアルコール度数は必要と思うし、その程度だったら補糖しても、酵母が食い切ってくれるし、むしろ、力強いワインになると思います。アルコール度数にして1％程度だったら、補糖した方が良いのでは？」

廣瀬「由美ちゃん、それは違うよ。『山幸』でここまで糖度が上がったこと自体、奇跡と思わないと。しかも、今年はグリーン・ハーヴェスト[*1]もしてないんだからね。折角こんなに良いぶどうが採れた年にどうして補糖なんて考えるの？」

私「でも、『山幸』はタンニン分が弱いので、アルコールでボディをもたす必要があるのでは？」

収穫後はなるべく早く亜硫酸を入れ、野生酵母の活動を止める

廣瀬「最近の傾向としては、確かにアルコールは高めになっているけど、それでは『山幸』の本当のポテンシャルを見つけることにはならないよ。」

そして、結局、正確な糖度の測定値が得られるまで待ってみて、アルコール度数が12％にならないようだったら、補糖を考えようということで、結論は持ち越しとなりました。そして次の課題は、酵母をどうするか？でした。発酵を始めるにあたって、私はどうにか自然発酵はできないものかと廣瀬さんに聞いてみました。答えは速攻。

廣瀬「それは無理、しかもリスクが多すぎる。発酵のためには[*2]サッカロミセス・セレヴィシエ酵母が必要です。自然発酵させると、野生酵母が活性化する可能性があるよ。野生酵母の中には、すばらしい香りを出す酵母、きれいな小さな泡で発酵させる良い酵母もあれば、[*3]酢酸エチルのような嫌な香りを出したり、発酵途中で止まったりする悪い酵母もいる。そのリスクを回避することは、醸造する側にとっては大切なこと。自然のまま発酵させるには、どんな酵母がいるのか何年間も畑やぶどう、そしてセラー内の酵母を調べなければならない。セラー内に優良酵母が棲みついている、ヨーロッパでの話をそのままここで実践することはできない。」

私「そうか、ここでは無理ということですね。」

廣瀬「これだけは、由美ちゃんの言うことには同意できないし、不可能だよ。」

私「でも、そのうちやってみたいね。だって、今はパンだって、ぶどうからとった自然酵母を使っているではないですか？どうして、ここではできないのだろうか。」

これは、ワインを造ろうと決めた8月頃から何度か、問いかけた質問でした。質問というよりは懇願でした。でも、このことは、廣瀬エノログの十勝ワインでの経験を尊重し、説得を受け入れることにしました。このあとも、廣瀬エノログとは何度も意見が衝突しましたが、この衝突によって様々なことを学ぶことになります。

*1 収穫前に未熟果を取り除く作業。生育期に、ぶどうの生育状況を観察し、数回行う場合もある。

*2 発酵に必要な酵母で、ワイン酵母として適す。ぶどうに含まれる糖質を生育、増殖の栄養源として利用し。アルコールと炭酸ガス、カロリーを生成する。発酵が終わると、自己消化を起こし、アミノ酸を放出し、結果としてワインのアミノ酸量が増える。

*3 ワインに含まれる酢酸エチルは、セメダイン臭として表現される歓迎されない香りの一つ。

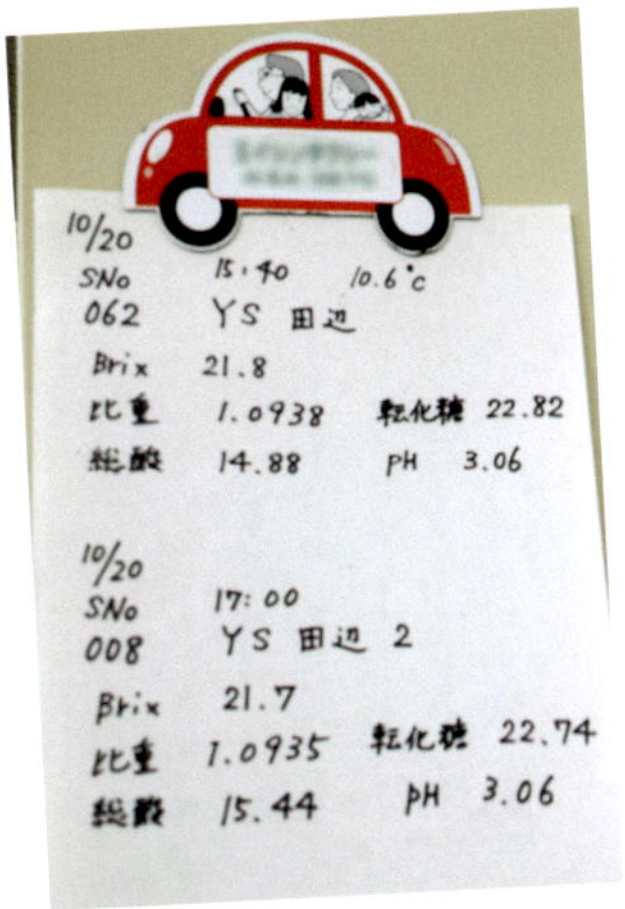

果汁の分析結果は収穫日に出される

10

酵母を入れて、さあ発酵

２０１４年10月21日午後2時半。一晩、コールドソーク[*1]を行いました。とは言っても、北海道池田町の10月末は、カリフォルニアの産地のように、ドライアイスを入れておく必要はありません。軽く、SO_2を入れ、一晩置くだけです。発酵は酵母を入れ、徐々に温まるか、人工的に温めない限り簡単には始まってくれません。

さて、廣瀬エノログと昨日収穫したタンクに酵母を入れる作業を行います。まず、ラボを訪ね、粉末状の酵母をぬるま湯で溶きます。計った１５００㎖の水に、３００ｇの酵母を入れていきます。酵母はサラサラとしたきめの細かな粉末、小麦粉のような感じで、さらっと水に溶けてくれます。これが、ぶどうをワインへと変えてくれる魔法の粉です。酵母には色々なタイプがあります。

その特徴は、香りが強く出るタイプ、ボディが出るタイプ、発酵が早く進むタイプ等様々です。その中で、十勝ワインの関翔二エノログが選んでくれたのは、コート・デュ・ローヌ地方のシラーから培養された、ボリューム感とスムーズなタンニン、スパイス香をもたらす性格がある酵母でした。自然酵母を希望していた私は、培養酵母

収穫したぶどうは早速糖度、酸度等を計測

に関しては全く無知でした。結局この酵母は、原料ぶどうの個性を素直に導き素晴らしい結果をもたらしてくれました。

さて、昨夜まで議論を重ねていた補糖は、正確な数字を出してもらい、22.82g/ℓと22.74g/ℓの数字によって、十分なアルコール度数を得られるとの確信を得、補糖無しで発酵を行うことにしました。これは正しい判断で、求める十分なアルコール度数を得ることができました。10月に入ると、霜が降り、収穫のときには既に葉は紅葉しており、もちろん光合成は起きることがなく、糖度が上がるというよりは、水分が減ることによって糖度が濃縮されるのです。

ぶどうの糖度はブリックス(Brix)で言われることが多いですが、この値は畑で簡単に糖度が測れる器具を使うため、やや、正確性に欠けます。ワインを造る場合は、比重を使い正確な数値を導き出す必要があります。

発酵前の測定値

2014.10.20「山幸」果汁の分析結果と亜硫酸添加量		
発酵槽No	SNO-062	SNO-008
糖度比重	1.094	1.094
糖分g/ℓ	22.82	22.74
ペーハーpH	3.06	3.06
酒石酸量g/ℓ	14.88	15.44
添加亜硫酸	K2S2O5　45g	K2S2O5　45g
2014.10.21酵母添加		
酵母名	Lalvin ICV D254	
添加量	300g	

培養酵母を水で溶く

中央部に酵母を多めに入れ発酵を促す

使用した酵母「Lalvin ICV D254」…

１９９８年、フランス、南ローヌのガリシアンで、発酵中のシラーから単離された酵母。D254で造る赤ワインは口当たりに優れたボリューム感とスムーズなタンニン、濃縮されたフルーツ香、また、後味にマイルドなスパイス香を有し、D80、もしくはD21で醸造したワインとブレンドすることで、より濃縮されたフルボディーの赤ワインを造る。未完熟ぶどうの場合、マスト全量の25〜50％を、D254で仕込み、GREで仕込んだワインをブレンドすることで、野菜様の香りをマスクすることが可能となる。

（ラルヴァン社のパンフレットより引用）

液体になった酵母をふたつのタンクに上から均等に注ぐのですが、温度が上がりやすい中央部にやや多めに注ぎ、酵母の活性化を促します。さあ、酵母を入れました。後は、ムラが無く、心地よい発酵を促進させるため、毎日朝夕２回のピジャージュが待っています。

*1　発酵前に、低温でぶどうを数時間から数日間、浸漬させる。

11

No.SNO-062 君と No.SNO-008 君のピジャージュと発酵促進

２０１４年10月22日。酵母を入れて24時間が過ぎました。まだ、発酵は静かですが、元気に産声を上げ始めています。今回はふたつのステンレス・オープンタンクで発酵を行うことになりました。

こんなに空気と接する面積が大きくて大丈夫なのかと心配しましたが、素人の心配とプロの心配は大きくかけ離れています。むしろ発酵をスムーズに進める方が大切と考えるプロの醸造家はやはり考え方がドライで合理的です。私はタンクに名前を付けないまでも、私の分身、子供のように「君」付けで呼びたくなってしまいます。

収穫量は１４６６kg、茎や梗は全体の５％程度ですので、その分を引いたとして、１３７３kgのぶどうの入ったタンクの名前は、No.SNO-062 君と No.SNO-008 君。生まれたばかりの赤ちゃんワインは静かでまだ動きは感じられません。

『山幸』の特徴は、タンニンは少ないが、酸がとても強いことです。ぶどう果汁を味わってみると、十分甘い。やはり、補糖をしなかったのは正解でした。廣瀬エノログの強い私への説得は正しかったことを改めて感じました。「由美ちゃん、まだ、補糖は間に合うよ。」との言葉が、遠くから聞こえてきましたが、それには返事もせず、ただ頷きました。

　これからの作業はピジャージュ[*1]です。この作業のほとんどを担ってくれたのは、廣瀬エノログは勿論のこと、田中君と米倉君でした。二人とも、池田町のソムリエと料理人です。夜遅くまで働いている二人ですが、午前と夕方欠かすことなく、ピジャージュを続けてくれました。

　２０１４年10月22日。発酵２日目の夕方には発酵がさらに活発化しています。廣瀬エノログに教わりながら、田中ソムリエがピジャージュを始めました。ピジャージュするたびに、炭酸ガスがぶくぶく現れてきます。酵母D254君はどちらのタンクとも仲良く、タッグを組んでくれ始めました。たくさん、糖分を食べて、アルコールを吐き出してくださいね。果汁の温度も徐々に上がり始めていますが、廣瀬エノログの心配がここでまた始まりました。

10月26日、発酵の状態と進み具合をチェック

本当にワイン造りは子供を育てるようなものです。生き物を扱う発酵中はどのように調整するか、酵母君がどうしたら気持ちよく働いてくれるかと、環境を整えるのが、エノログの大切な役目です。発酵には酸素が必要です。ピジャージュの大切な役割には、シャポー（帽子）と呼ばれる、上に立ちはだかるぶどうの果皮の塊（果帽）を砕き、酸素を供給することです。

　でも、ピジャージュをするのは単に空気を送り込むためだけではありません。発酵の様子を観察し、温度を測り、発酵がタン

▲10月22日、9時発酵2日目に中央層と回り部分の温度をチェック

◀10月23日9時、活発に酵母が動き出してる

▼10月23日午後4時、朝ピジャージしたがもう、シャポー（果帽）が上がってる

10月26日、発酵5日目、まだ甘さがかなり残る

発酵2日目のワイン

ク全体でバランスよく行われているか、偏った場所だけで発酵が進んでいないかをチェックしながら、攪拌します。

攪拌の方法も大切です。果皮をつぶさないように、優しく、そして全体に均等に酸素が供給されるようにすること、ピジャージュごとに果皮がしっかりと果汁とコンタクトするようになど、たった2つの桶であっても、丁寧にそして速やかにそして毎日2回、定期的に行うことは忍耐が必要です。

私の大切な役目はテイスティングです。既に、果汁がきちんと果皮と分かれ、沸々と発酵するぶどうジュースが楽しめました。果汁の凝縮度、十分な糖分、また、果皮から果汁に抽出されているのは色素だけです。その色はしっかり濃く、これからの発酵過程が嬉しくなりました。色の濃さは『山幸』にとって、タンニンだけでなく味わいの深さをもたらす大切な要素が果皮に含まれていることを示唆してくれます。

青臭さが出る品種にはマイクロオキシデーション[*2]が効果的という話をご存知でしょうか？

２０００年頃、私はピレネー山脈近くのマデランを訪問する機会がありました。ちょうどそのころ、ここの品種のタナを柔らかくエレガントに醸造するために、マイクロオキシデーション（ミクロ・ビラージュ、微酸素補給）が開発され、あっという間に広がった頃でした。

その理由はステンレスタンクでの発酵です。昔のように、木樽やコンクリート槽で発酵を行い、樽熟を長くしていた時には、空気と触れることが多く、自然に酸素の供給がなされていました。

ところが、ステンレスタンクでの発酵が一般化するにつれ、タナ種がもつ強いタンニンによる味わいは酸化熟成によってこそまろやかになりますが、そのままでは強烈な味わいが残ってしまうのです。しかもタナ種は皮が密着する傾向にあり、果帽をたたき割らなくてはならないほど固くなります。

マイクロオキシデーションによって、タンニンの強さが加減され、柔らかなワインを造れるようになってきました。マデランで開発されたこのマイクロオキシデーションは、ボルドーのカベルネ・ソーヴィニョンの青臭い、グリーンタンニンにも効果を発揮しています。

そう考えると、オープンタンクでのピジャージュは『山幸』に欠かせない作業となるのです。結局、ピジャージュは発酵の2日目からアルコール発酵が終了する11月10日まで、朝夕の2回を3週間続けたことになります。発酵途中の苦労はこれだけではありません。

*1　人力による櫂《かい》入れによって、果帽（発酵中、炭酸ガスの力によって上部に集まるぶどうの皮や種）を液中に巡回させる作業。

*2　微酸素補給。酸素を微量、発酵タンクに供給すること。

12

温度が上がらない

２０１４年11月2日。発酵から丁度10日間がたちました。もう、すっかり冬景色になった帯広空港で、廣瀬エノログの出迎えを受けました。これだけ凍てつく十勝で、発酵を続けている、ステンレスタンク君たちは、さぞ寒いでしょう。発酵から10日間、ボルドーやナパでは発酵が終わってしまっていてもおかしくない期間です。池田町は自然に低温発酵となり、発酵期間が長くなります。

「由美ちゃん、どうも温度が上がらなく、発酵がスムーズにいかなくて困ってる。」と数日前に廣瀬エノログから電話をもらってました。10月23日、24日の写真ではあんなに活発に発酵が進んでいたのに。

さて、ワイナリーに到着、まずはピジャージュを試みました。きょうは、飛行場から直行なので、いつもの赤い作業着は着ていません。廣瀬エノログの教えを受け、ピジャージュを試みましたが、私の力では最初の櫂《かい》が入りません。カチカチになっているのです。

ワイナリーの仕事はこのピジャージュひとつにしても、男仕事です。昔の文献を見ると、ブルゴーニュでは男性が裸で桶に渡した2本の棒につかまって腰まで漬かって

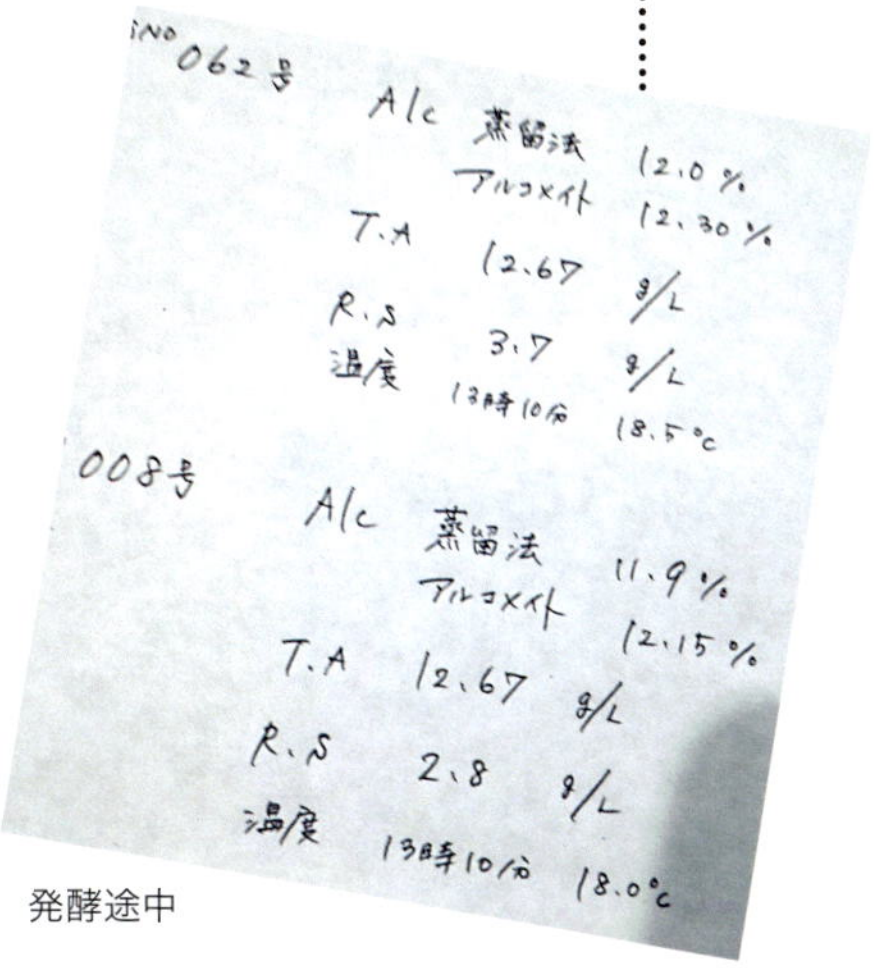

発酵途中

とりあえず、皆が集まり、仕込み10日後の発酵の様子をチェック

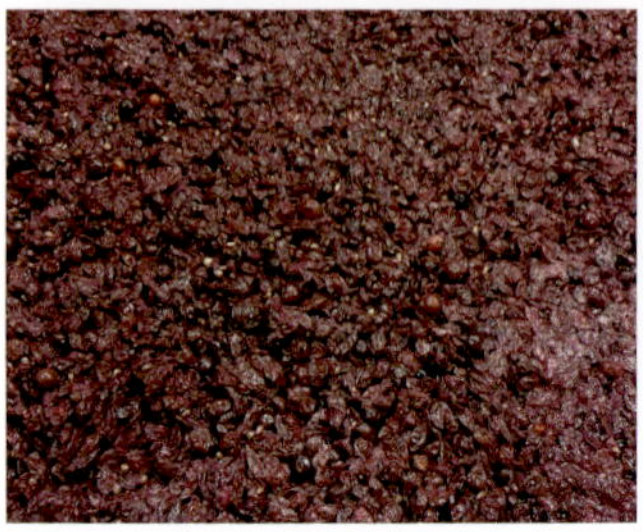

11月5日、徐々に発酵が落ち着いてきた

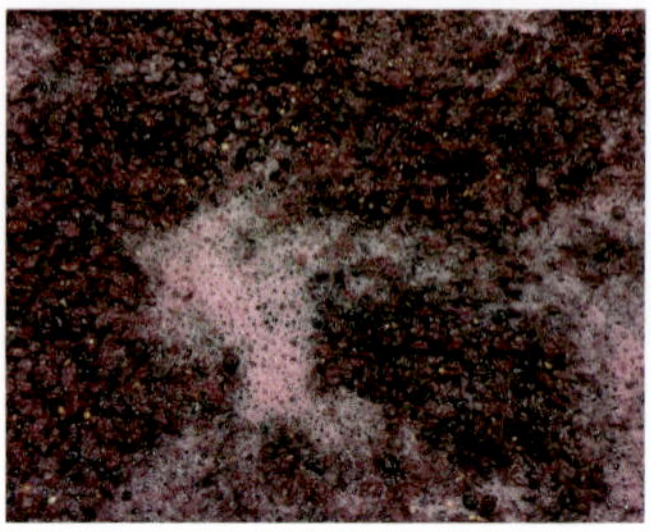

10月30日、まだまだ、発酵は終わらない

10月28日、元気に発酵が続く

足でピジャージュをしている写真が載っています。足でのピジャージュは優しく、ぶどうの粒を崩さずに発酵を促進できるのだそうです。

最近ではピジャージュと言っても機械で行うことが多いのですが、やはり、人間の素手の感覚で行うピジャージュは今回のプレステージワインに欠かせない作業です。

さて、温度の話に戻りましょう。発酵温度が20度を超えないと、スムーズな発酵にならず、ますます気温が下がる池田町では発酵が途中で止まってしまい、残糖分の多いワインとなってしまう恐れがあります。これも機械に頼らないワイン造りの苦労のひとつです。

素人考えで、

私「では、ホッカイロをタンク君にたくさん張ってあげましょう」。

廣瀬「実は、プチプチの付いた包装用ビニールを全体に巻いて、温度が逃げないよ

11月5日濃くしっかりした色合い

11月2日9時50分
シャポーは堅く、私の力ではピジャージュが大変

うにしてあるけど、なかなか効果が出なくてね。」

私「では、やっぱりホッカイロ」と、たくさん買い込んで、田中・米倉両氏の手伝いで張ってみました。翌日、何の変化もなし。結局、素人のアイデアは却下。

廣瀬エノログが持ち込んでくれたのは、電気プレート。ストーブで温めることによって、温度が20℃まで上がり、再び発酵が活発化したのでした。

11月9日、発酵の様子を再度確認し、テイスティングを行うと、確かにぶどうジュースがワインへと変化していることが分かります。非常にきれいな、スミレやブルーベリーの芳香がジュースに混じって感じられるようになってきました。炭酸ガスによるぴちぴちした舌触りにもアルコールと酸のバランスが徐々に味わえるようになってきました。

さあ次はプレスが待っています。

13

熟成樽を選ぶミッション

２０１４年10月15日。片岡物産の磯崎部長が会社を訪ねてくださいました。ワインの樽のオーダーのためです。ワインを造るにあたっての大きなミッションのひとつが、熟成用の樽を購入することでした。

十勝ワインでは片岡物産を通して、フランス・コニャックに本拠地を置く、ヴィカール社から樽を購入しています。ワインを熟成させる樽の価格は一体いくらぐらいするのだろうか？勿論、日本へ運んでくるためには輸送費用もばかにならない。そのようなことを考える前に、どのような樽が「山幸」に合っているかも判っていない状況

です。十勝ワインではほとんどのワインは５００ℓの樽に寝かしています。

私は、今回のスペシャルキュヴェに関しては、２２５ℓの樽を使うことに決めていました。これに関しては、廣瀬エノログとも意見が一致しました。フランスから取り寄せるとなると、急いでことを進めなくてはなりません。そして、この時期に思うような樽が手に入るかも心配になりました。まずはヴィカール社とコンタクトを取ってもらい、見積もりをしていただきました。勿論、オーダーは最高級の新樽です。

でも、ここに行きつくまでには、何度かのやり取りがありました。片岡物産と廣瀬さんそして、一部私が行ったメールのやり取りです。ここに書かれているのは、樽の種類と樽の焦がし方の強さです。「M」はミディアムの略で、ローストの強さを表します。「M＋」の方が、ローストが強くなります。その他、ローストの軽い、ライトタイプ、更に強い、ヘビータイプもあります。

①片岡物産⬇廣瀬

Sent: Thursday, September 11, 2014 10:48 AM

木目とトースティングを参照願います。輸入する樽のタイプはBordeaux Transportになりますがよろしいでしょうか?サイズは異なりますが、池田町様も同じタイプを購入されていると記憶いたします。

②廣瀬⬇片岡物産

Sent: Tuesday, September 16, 2014 2:01 PM

田辺由美さんと木樽のスペックについて打ち合わせしました。木樽容量：２２５ℓ。「Prestige のMとM＋の各１本」「Distinction のMとM＋の各１本」合計で４本です。池田到着を１月上旬で、見積もり願えますでしょうか。

③廣瀬➡片岡物産

Sent: Tuesday, September 16, 2014 2:58 PM

契約者は、田辺由美、樽の納入先は、池田町ブドウ・ブドウ酒研究所。以上、よろしくお願いいたします。

④片岡物産➡廣瀬

Sent: Friday, September 26, 2014 3:26 PM

池田町納入の価格をご連絡致します。

フランス産ワイン熟成樽（２２５ℓサイズ）

計４樽

１）Prestige / 木目 1.5mm 以下

¥230,000/ 樽

２）Distinction / 木目 1.5 〜 2mm 以下

¥216,000/ 樽

価格は、４樽を混載便で輸送した場合の価格です。税関検査があった場合は、検査費用は別途ご負担ください。樽栓はシリコン栓になります。

⑤廣瀬➡片岡物産

Sent: Monday, September 29, 2014 9:02 AM

今回はトライアルで今までとは違ったワインを製造し、樽の違いによって、ワインへの樽材の影響、熟成度合い、品質差を見たかった訳なんですが、考えていたより木樽の価格がかなり高いので、Prestige ２本、Distinction ２本を今回は残念ながら、Prestige ２本（ＭとＭ＋）のみの購入でお願いできますでしょうか。

最後に片岡物産から来たメールは、２０１４年12月９日で、内容は「田辺様の樽の件ですが、スケジュールをお知らせ致します。本船：Mol Charisma、フランスLe Havre 出港：11月４日入港日、12月10日、ＣＦＳ搬入：12月12日、輸入許可日（予定）12月15日、輸入許可が確定しましたらすぐに御連絡致しますのでお引き取りの手配をお願い致します。」

ヴィカール社プレステージのロースト・ミディアム（M）とミディアム・プラス（M+）

このようなやり取りがあって、結局、プレステージを2樽購入し、無事、ヴィカール社の樽は樽詰めに間に合うように、十勝ワインに到着しました。

最初に、樽の話が出たのは、ワインを造ると決めた8月のことでした。廣瀬エノログとのワインを熟成するにはオーク小樽の新樽と、簡単に話はまとまりました。トライアルとして、プレステージキュヴェをオーダーすることで、2名で満場一致です。そして、ワインの質から考えて、トーストはM（ミディアム）が良いか、M+（ミディアム・プラス）が良いかを決めることでした。問題はその価格でした。決して安くはなく、4樽買いたかったのですが、結局2樽に抑え、十勝ワインにある500ℓの新樽も使うことになりました。最初に行った仕事が、収穫も決まらない8月から考えていた、樽をどうするかでした。

そして、最終的に、オークの新樽を使ったことは正しい結果となりました。

14

グラヴィティーって何？

今回の「ワイン造りの『負』を取り除く」、の基本は、「『負』を加えない」ことでもあります。その一つが、過多な酸化です。亜硫酸の添加も最小限にします。その時に大きな問題になったのが、ポンプの使用を『0』にすることです。

昔行っていた上から下に、重力を使ってワインを移動することの意義を忘れてしまっていました。ポンプによる酸化度は非常に高く、これを避けるために、グラヴィティー[*1]が高級ワイナリーでは既に当たり前になっています。自然の重力でワインを別の容器に移し替えるグラヴィティーシステムは、ワインに負担をかけない方法なのです。

さて今回のプロジェクトの一つが、機械に頼らない、ポンプに頼らないワイン造りです。人の手間が多くかかってもよいから、ワインを造る基本は守ること。それができずに、美味しいワインは造れないというのが、廣瀬エノログのポリシーです。

テレビで、ある広告代理店の人が話していました。『ブランドとは何か？』の質問に、「その一つは、パッションすなわちコンセプトがはっきりし、拘りがあること。二つ目は、そのパッションが形になっていること。そして、出来上がった品物を欲しいと思い、それを手に取った人のだれかは、真似をしてみたいと思うこと。」と言っていました。

私が造りたいと思っている、「山幸」が、ブランドとなることを心の底から願っています。そのためには、「山幸」の個性を表現することだけでは意味を持たないのです。ワインとして優れた味わいを持ったワインでなければなりません。誰もが、飲んでみたいと思い、同じようなワインを造ってみたいと思ってもらうことが必要です。

そのためには、ワインにとって「負」になることは、避けなければなりません。その一つが、機械に頼らず、自然に近い方法でワインを造ることを貫くことです。

私が知っていた近代的グラヴィティーと実践したグラヴィティーには大きな隔たりがありましたが、ポリシーは一緒でした。そのことは、これから起こる作業が実証してくれます。

*1

ポンプを使わず、重力でワインや果汁を動かすこと。ポンプを使わないため、ワインの酸化を極力避けることができる。

15

マセラシオンの期間をどうしよう

２０１４年11月4日。廣瀬エノログと試飲をしながら、時には飲み交わしながら、議論を繰り返しています。今回は、そろそろ、佳境に向かっている発酵の様子を見、ワインをテイスティングしながら、今後のことについて、又、議論が始まりました。私はタンニンが少なくペーハー(pH)[*1]の低い「山幸」は1か月間のマセラシオン[*2]をしたいと思っています。

ペーハー(pH)って何なのでしょう。pHと亜硫酸の間にはどのような関係があるのでしょうか? 亜硫酸の添加にどうしてこのところここまで敏感になっているのだろうか?

発酵が終わり、炭酸ガスが無くなると、果皮と種は澱として沈殿する。マセラシオンを長くすれば、当然酸化のリスクは多くなります。それに発酵後の酸化を防ぐのは、タンニンなのでしょうか?

分からないことの連続で、11月に入ってしまいました。発酵が終わったその時から、ワインが入ったタンクのSNO-062君とSNO-008君はしっかりとビニールシートに密着させてかぶせられ、液面は空気とは一切触れないようになっています。

廣瀬「発酵が終わったらなるべく早くプレスしたほうが、リスクが少ない。」

発酵がほぼ終わり、表面温度が13.8℃まで下がってきた

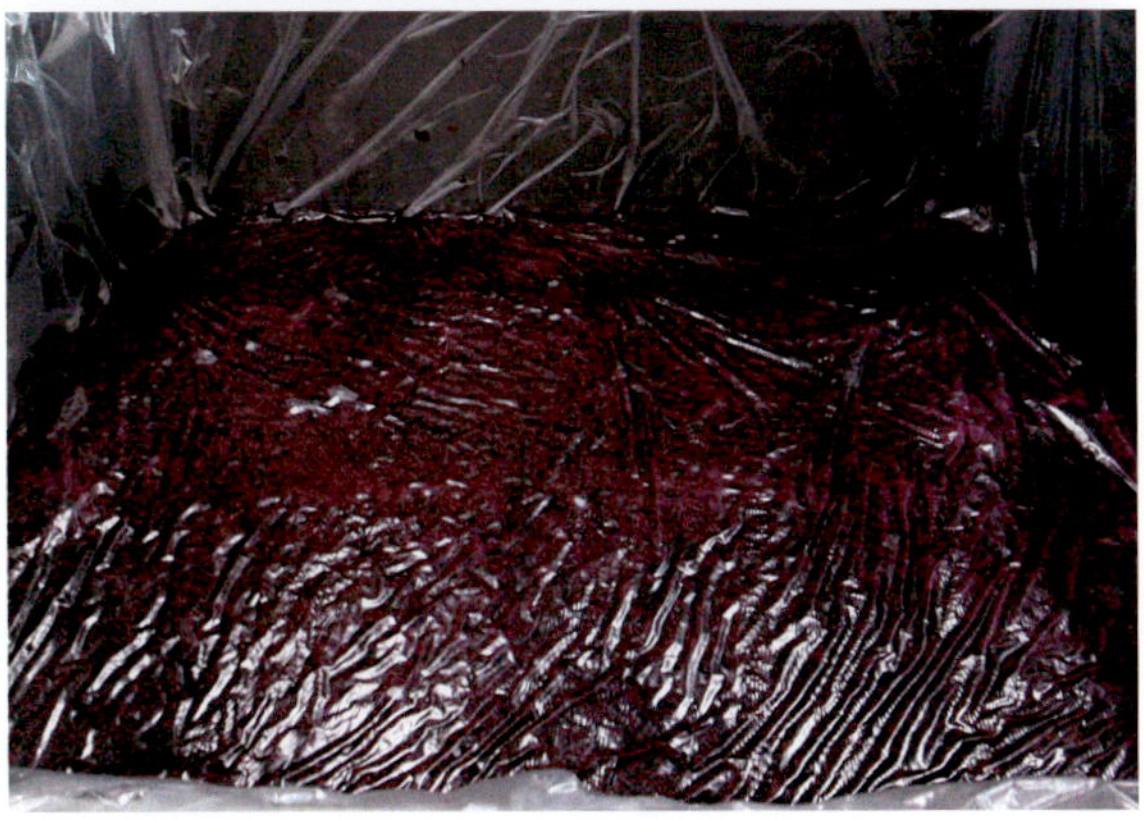

1月14日発酵が終わり静かにそして酸化しないようにビニールでしっかりと覆う

私「でも、せっかくpHも低く、これだけ寒いのだから、なるべくマセラシオンを長くして、果皮や種からのタンニンを抽出させたい」

廣瀬「『山幸』は元々タンニンが少ないからあまり意味がないよ。やはり、リスクを多くすることは『負』になるよ。それに、2週間でも1か月でも差はないはずだよ」

私「その程度の説明では、説得力がない。やはり、初めてであっても、ボルドーのように1か月はマセラシオンをしてみたい」

この押し問答の結果、プレスは11月21日と決定しました。丁度収穫から1か月のことでした。

亜硫酸とpHの関係

亜硫酸はワイン造りには欠かせない化学物質です。硫黄は日本のような温泉国では、誰もがその存在や身体への効果を知っているはずです。硫黄で真っ白に濁った温泉に入ると、どうして身体に良いのでしょうか？温泉ソムリエ家元遠間和広氏のブログから一部引用させていただきます。

「硫黄泉は、玉子が腐ったような独特の香りがするということと、白く濁ったり、エメラルドグリーンに濁ったりしている「濁り湯」が多いという特徴があります。効能としては、糖尿病、動脈硬化、高血圧に効くことから、私は、「生活習慣病の湯」と名づけました。そして、切り傷、慢性皮膚病など皮膚の表面のトラブルにも効果がありますし、さらには、慢性婦人病にも効き、女性にも男性にもうれしい温泉です。このように、色々な効能がある硫黄泉ですが、もうひとつ嬉しい特徴があります。それは、硫黄泉は成分が体に大変吸収されやすいということです。つまり、温泉成分による薬理効果が非常に高いのです。…」と続きます。

体に良い硫黄はワインに使われると、「酸化の影響を防ぐ、抗酸化作用とワインを腐敗させる種類の微生物の増殖を阻止する、抗菌作用」の働きがあります。

亜硫酸の中には、結合亜硫酸と遊離亜硫酸があります。今回も廣瀬エノログは要所要所で亜硫酸の量を測ってから、次の作業に進みます。遊離している亜硫酸は抗酸化等の力を持っていますが、結合してしまった亜硫酸にはその力がありません。

ワイン中に酸化物質が増えてくると亜硫酸がくっついてしまい結合亜硫酸は増えますが、遊離亜硫酸がどんどん減ってしまい、そうなると益々ワインは酸化しやすくなってしまいます。それを防ぐために、更に亜硫酸を加えることになり、その結果、総亜硫酸が増えることになるのです。従って健全に熟成されたワインは総亜硫酸が低くなるのです。

日本の亜硫酸許容量は３５０ppmですが、今回は瓶詰時に１００ppm前後を目指します。

さて、２０１４年ヴィンテージの「山幸」は収穫時のぶどうのpHは3.06と非常に低いことに注目してください。ペーハーは果汁やワインの酸性・アルカリ性を示します。中性は7で、それよりも低いと酸性となります。

発酵によって、少しpHが上がりましたが、それでも、アルコール発酵終了時でタンクによって差があるものの、3.47と3.37とまだまだ低い数値です。

そして、大切なことは、pHが低い方が、少ない亜硫酸でも酸化阻止や微生物の増殖を阻止することができるということです。pHが低い、「山幸」にメリットがあることはいうまでもありません。

そして、健康な腐敗のないぶどうだけをセレクションして発酵させたキュヴェは、遊離亜硫酸がそのまま残ってくれているので、亜硫酸の添加を少なくすることができます。言い換えれば、遊離亜硫酸量が減らないということは、健全な原料ぶどうが使われ、健全な醸造過程がなされているということになるのです。

廣瀬エノログが亜硫酸量の測定に神経質になっているのがここで理解できました。

*1　溶液の酸性とアルカリ性を示す。pH7が中性。

*2　果皮の浸漬・醸しのことで、赤の醸造過程で、果皮・種をワインに漬け込むこと。果皮や種から、色素・タンニンがぶどう果汁に移行する。ワインのタイプによって醸し期間の長さは異なる。

ワインのpHと各分子状SO_2濃度になるために必要な遊離型亜硫酸濃度

pH	必要な遊離型亜硫酸濃度（mg/ℓ）		
	0.6mg/ℓ	0.8mg/ℓ	2mg/ℓ
2.8	6	9	22
2.9	8	11	27
3.0	10	13	33
3.1	12	16	41
3.2	15	20	51
3.3	19	26	64
3.4	24	32	80
3.5	30	40	100
3.6	38	50	125
3.7	47	63	157
3.8	59	79	197
3.9	74	99	248
4.0	94	125	312

ワインに添加された亜硫酸の一部は、アルデヒド等と結合し、酸化防止・抗菌の効果がない結合型になる。残りは遊離型亜硫酸となり、また、そのほとんどが更にHSO_3^-（重亜硫酸イオン）となる。抗菌性等の効果があるSO_2（二酸化硫黄）になるのは、更にその一部である。ワインのpHが低いほどSO_2となる割合は増すので、pHが低いワインは、酸化防止や抗菌を目的とした亜硫酸の添加量を少なくすることができる。

＊参照
独立行政法人酒類総合研究所　後藤奈美氏
Sake Utsuwa Reserch/08V
「ワイン醸造の基礎　—亜硫酸の話—」P10-P11

16

発酵終了

２０１４年11月14日。長い発酵がようやく終了しました。３週間という発酵期間は、私の知る限り、低温発酵で造るフレッシュな白ワインだけ。赤でこの時間はかかり過ぎでしょう。でも、温度管理もできない、ほとんど外の温度と同じ条件を考えれば、しっかりと発酵が終わってくれたことに、選んでくれた酵母の力に感謝します。そして、発酵タンクを電気ホットプレートで温めてくれたおかげでしょう。ワイン造りは一日たりとも怠ってはできないことを、このワイン造りを通して頭だけではなく、しっかりと体で感じさせてもらいました。

11月14日、私は丁度ブルゴーニュにいて、その年のオスピス・ド・ボーヌのオークション出品する新酒をテイスティングしていました。まだ、収穫してから間がないワインを樽から直接試飲します。その数約60アイテム。

白はまだ発酵途中であったり、濁っていたり、赤は発酵が終わっているものの、ＭＬＦ[*1]（マロラクティック発酵）はまだ始まっていないものもあります。ブルゴーニュの最高峰のワインを試飲しながらも、心では「山幸」のキュヴェを思っていました。

ブルゴーニュは11月に入ると急激に気温

が下がり、雪がちらつくことも珍しくありません。そのため、ワインの樽熟成は地下が基本です。そして、ＭＬＦを早めに起こさせ、ワインを安定させるために、湿度を70％以上に保ちながら、暖房をつけ、地下室の温度は15℃以上に保つようにしています。

そのとき、「山幸」スペシャルキュヴェはアルコール発酵がやっと終了しました。ライターで炭酸ガスが出ていないことを確認し、ワインの温度を確認し、空気が入らないようにビニールを液面にぴったりと貼り付けます。こうして酸化を防ぎ、まもなく行われる、プレスを待ちます。

*1　ワインの中に含まれるリンゴ酸が、乳酸菌の働きによって乳酸に変化する現象。これにより酸が減少し、ワインの酸味はまろやかさが増す。

17

プレスは感激
グラヴィティー体験　その1

２０１４年11月21日。素人の私にとって、ワインができた！と思えた瞬間は、プレス[*1]（搾汁）が始まった時でした。しかも、リスクを犯しながら、マセラシオンを30日間に延ばしてもらったので、ドキドキの朝を迎えました。さあ、作業を始める時がきました。

私はこの時、生まれて初めて、つなぎの作業着を着ることになります。「田辺由美ワインスクール」の生徒の一人、小林ますみさんが、真っ赤なつなぎをプレゼントしてくれました。彼女は横浜の出身で現在、池田町の酪農家に嫁ぎ、朝早くから2百頭の牛と格闘しています。ワインエキスパートを取ったのは横浜時代で、偶然にも私の故郷で再びお付き合いが始まりました。収穫、選果（セレクション）そしてプレスにも手伝いに来てくれた、嬉しい仲間です。

毎日のように、ピジャージュを手伝ってくれた、田中君、米倉君、そして吉野さんもこの感激のプレスを手伝ってくれました。まずはテイスティング。感覚として、酵母がしっかりと糖分を食い切って、アルコール分になっていることを確かめます。そして、勿論色合いと香り、味わいに不快な要素がないかどうかも大切な要素です。

米倉「ウワー！これが『山幸』！こんな

まず、廣瀬エノログからバスケットプレスの仕組みの説明

果皮・種をバスケットプレスに入れる

に色が濃く、香りに果実味があふれている。」

私「皆が毎日、ピジャージュを丁寧にしてくれたおかげですよ。この輝く色合いは別ものね。」

吉野「でも、『山幸』の特徴は出ているね。良い意味で。あれだけ茎を取っても、青さは香りにあるね。でも、味わいが素晴らしいよ。これを樽熟させたらどうなるのかな。それに、タンクによって香りも味も違いますね。SNO-008のほうが、酸が強く、青さが出ているね。」

私「ワインは生き物というけど本当にそうね。たぶん、セラーに隣同士に置いていても、外気に近い方と遠い方では発酵のスピードが違ったりするのね。」

廣瀬「発酵の状態が違ったよ。SNO-008は、最初は良かった。まだまだ、評価するには早過ぎるけど、この段階でこのようなスタイルに仕上がるのだから、間違いなくポテンシャルはあるね。さて、これからが醸造家の腕の見せ所、ワインが何をして欲しいかを知ることだよ。」

さあ、作業が始まりました。用意された道具は、ステンレス製のざるとボウル、そしてバスケットプレス器。そうです、これがグラヴィティーの道具でした。作業は人力で行い、人間の感覚で圧力をかけながら搾汁を行うのです。ワインの醸造に使われる、かっこいい言葉はここには似合いそうにもありません。赤いつなぎと赤いゴム手袋に身を包み、テンションが高まることを抑えることができず、作業に入りました。

最初の頃は勢いよくワインが流れ出る

まずは、発酵タンクSNO-062から始まります。バケツと手つきのプラスティック・ピッチャーが道具です。被せておいたビニールシートを取ると、濃いルビー色に輝く液面が現れます。発酵最中は炭酸ガスの力で上部に持ちあがっていた、果皮や種は、発酵終了とともに重力で発酵槽の下に沈んでいます。ですから、上のほうはほとんど液体だけになります。これが、フリーラン[*2]というわけです。

　このフリーランを手つきピッチャーですくい、ステンレスのざるを一応通して浮遊物を取り除き、バケツが一杯になったら、新しいタンクのSNO-056に移すという、非常に単純な作業です。ピッチャーは5ℓと10ℓ程度ですから、まあ、皆で交代しながら、ものの1時間もかからずにフリーランは新しいタンクへと移すことができました。

　タンクの下部になると、徐々に果皮が混ざってきます。それも同じように、ピッチャーですくってはざるを通して、ワインだけをタンクに移し替えていきます。タンクから何とも言えない、ワインの素晴らしい香りが立ち上がってきます。

　さて、次はバスケットプレス[*3]での搾汁です。そろそろ、果皮と種だけになってきたところで、廣瀬エノログから、フリーランのざる搾汁の終わりが告げられ、プレスが始まります。これは、簡単そうで実は難しいので、大切な箇所は全て廣瀬エノログの担当となります。

　発酵槽の底に溜まった、果皮と種と果汁を一緒に搾るのですが、これがなかなか時間の要する作業でした。まず、タンクの底のほうですから、発酵タンクをフォークリフトで持ち上げて、斜めにし、マスト[*4]を出しやすいようにします。マストは勿論、手作業でバスケットプレスに次々と一杯になるまで入れていきます。その間も、フリーランがバスケットプレスの隙間から流れてきますので、注意が必要です。

今度はバスケットプレスの高さに合わせて、洗濯桶のように（いや間違いなく洗濯桶）薄いコンテナーで、フリーランを受け止めます。量が沢山は入らないので、目を離すとあっという間に一杯になってしまいます。用意されたバスケットプレスは、十勝ワインの創立当時から使われていた、2台のうちの容量の小さいサイズで、100ℓ入るプレス器です。

廣瀬「まずは、プレス器一杯にマストを詰め込みます。」

皆「了解。ちょっと山盛りっぽいけど大丈夫？」

廣瀬「次はここにある蓋をきちんと水平になるようにはめ込み、木片を重ねて、重石のようにします。そして、大切なことは圧力をかけ過ぎないことです。ゆっくりゆっくりと気を長く、圧力は常に『0』の状態に。」

すなわち、ワインが流れた分だけ、重ねた木片が下に移動する程度にするということです。

廣瀬「最終的にはマストがバスケットプレスの半分程度になったらプレスを終了。」

ゆっくりゆっくりと一回のプレスにかける時間は1時間程度。ひとつのタンクで2回行い、計4回のプレスにかかった時間は4時間ほどでした。

バスケットプレスはこのところ小さなブティックワイナリーでも、大きなワイナリーでもスペシャルキュヴェには使われるようになってきました。近年ワイナリーを改築したボルドーのシャトー・シュヴァル・ブランは、全てがバスケットプレスにしていますし、前述のナパ・ヴァレーのMAYAを造るダラ・ヴァレ・ヴィンヤードもバスケットプレスを使用しています。ワインの世界は今ルネッサンス時代。過去の素晴らしいワインを造り上げた醸造方法が見直さ

圧力はほぼ「0」の状態でゆっくりと
ジェントリーに圧縮する

プレスが終わり、ケーキのように固まった、果皮と種

ワインをテイスティングしながら
プレスの変化を確認

11月21日バスケットプレスによる圧搾

容器No.	ワイン状況	ワイン量（ℓ）	アルコール%	残糖分g/ℓ	備考（コンテナーナンバー）
SNO-056	フリーラン	372	12.15	2.6	SNO-062➡SNO-056
No.33	プレス	49	12.05	6.6	SNO-062➡No.33
NSO-62	フリーラン	435	12.05	2.9	SNO-008➡SNO-062
No.62	プレス	24	12.09	9.1	SNO-008➡No.62

れています。

最初のうちは、輝いて、透き通ったワインがプレス器から流れてきてましたが、途中から徐々に、澱が混ざり、濁りが出てきました。そのチェックは私が担当、ボルドーでスティラージュ（澱引き）をする時に、ローソクをかざしながら、濁りをチェックしている光景を思い出しました。

濁りが出てきたワインは別の小さな容器に取り、滓が下がった時点で上澄みをメインのタンクに移します。その作業は12月1日、廣瀬エノログの手によって行われました。歩留まり65％程度と、贅沢なプレステージ・キュヴェがここに誕生しました。

表を見ているととても面白い。最初のぶどう収穫量は1466kg、そして、5％が梗として捨てられたとしよう。そうすると、1466kg × 0.95 ≒ 1393kg とするとワインの量が880ℓです。歩留まりは1000gから632mℓとシャンパーニュ並みの贅沢なキュヴェがここでできあがりました。

搾りカスは、まるでケーキのようにプレス器にしっかりと残っていますが、まだしっとりとしていて、充分ワインが含まれていることが分かります。もしも、このプレスの作業を大型の搾汁機で行うとすると、おそらく歩留まりは80％程度、更に150ℓ以上は搾れたでしょう。これが、拘りのワイン造りです。

さて、次なる作業は、とうとうさらに緊張の樽詰めです。

*1 搾汁。ワインと果皮や種などの大きな固形物を分離する。

*2 搾汁しないで、自然に流れ出す果汁やワイン

*3 縦型の伝統的なプレス器で、ゆっくりと搾れるため、澄んだワインが得られる

*4 果皮、種が混ざったワイン

18

ワインが足りない!の問題が発生

２０１４年12月1日。プレス時のアルコール度数と残糖度の測定値を見て、「なんと素晴らしい、まるで黄金比のよう!」と、改めてここまでに育て上げてくれた、廣瀬エノログに感謝しました。そして、廣瀬エノログもマセラシオンの１か月によって、残糖が少なくなり、酵母の食い切りが良かったことと雑菌の繁殖がほとんど見られなかったことに、胸を撫で下したことでしょう。

プレスワインの残糖が多いのは、顆粒発酵で、最終的に、顆粒に糖分が一部、残っていたせいです。廣瀬エノログから電話がありました。

廣瀬「２２５ℓ樽を2本、５００ℓ樽を1本に入れるとなると、１００ℓが足りないので、ワイナリーと話して、他のキュヴェを少し分けてもらうようにします。」

樽にワインを満たしておかないと、空気の層ができて酸化の原因となるため、樽を満タンにするだけのワインが必要です。「清見」にして欲しいと私は廣瀬エノログにお願いしましたが、２０１４年「清見」は不作で十勝ワインから無理と言われ、結局、ツヴァイゲルトレーベで補填することにしました。

廣瀬エノログは黙々とワインに集中していてくれます。12月1日に、プレスワイン[*1]のNo.33の上澄みをSNO-056に、No.62の上澄みをSNO-062に移し、12月9日には樽詰め前の成分検定をラボにお願いし、済ませてくれました。

*1 搾汁によって得られたワインで澱を含む

作業内容	成分検定	
容器No	SNO-056	SNO-062
ワイン量ℓ	420	456
SG	0.996	0.996
Alc%	12.15	11.96
Ex	3.2	3.2
R.S g/ℓ	3.2	3.2
pH	3.47	3.37
TA gℓ	12.3	12.49
VA g/ℓ	0.42	0.37

〈表の記号の説明〉

SG（比重）……………… アルコール度数が低い場合や、残糖が多いと、この値は高くなる。従って、発酵の目安になる。

Alc（アルコール度数）… 果汁糖分が22.8前後だったから、22.8−0.5（発酵後の残糖が0.5と仮定）＝22.3、22.3×0.55（果汁からアルコールができる係数）＝12.26で、実測値は12.15％と11.96％であるから、ほぼ計算どおりに発酵。

Ex（エキス分）………… ワインの不揮発成分で甘さの目安にする。この値が高いと甘口ワイン。ワインの比重とアルコール度数から計算式で求められる。

R.S（還元糖量）……… ワインに残っている正確な糖分量。5g/ℓ以下なので、糖分を食いきったと言える。

pH（ペーハー）………… ワイン中の有機酸のカルボキシル基−COOHから［H^+］が遊離するとpH値は下がる。特にリンゴ酸が多いワインはこの値が低く、酸っぱく感じる。

TA（総酸）……………… 日本では、酒石酸量で表す。フランスでは硫酸で表すので、硫酸量×1.531＝酒石酸量となる。

VA（揮発酸）………… 酢酸量で表す。熟成を経ると徐々に上がってくるが、管理が悪いと急激に増加する。

19

５００ℓの樽には「山幸」に「ツヴァイゲルトレーベ」をブレンド

２０１４年12月12日。予算の関係で、小樽の新樽は2樽しか買えなかったのは残念でしたが、５００ℓとの違いを実証する上では、今回の「山幸」のポテンシャルを探すという、「エクスペリメンタル・山幸プロジェクト」としては、正しい選択としましょう。

廣瀬エノログは小樽の新樽用として、SNO-062のタンクから、60ℓをSNO-056に移し４８０ℓとしました。小樽は２２５ℓ2樽ですから、必要な量は４５０ℓ、残りの30ℓはウィヤージュ（目減り分の補填）用に５００㎖の小さなガラス容器にいれて、酸化を防ぎ別途保管することにしました。この分は、12月22日までそのままタンクに残しました。一方、SNO-062の36ℓと後志（仁木町）産ツヴァイゲルト１０１ℓはブレンドしヴィカール社Distinction M（No.6063）の５００ℓ新樽に詰め完成させました。

今後５００ℓ樽のワインはセカンドワインと呼ぶようになります。

20

クリスマスに樽詰め グラヴィティー体験 その2

12月22日。予定通り12月上旬にワイナリーに着いたヴィカール社の小樽は、十勝ワインが受け取り、綺麗に洗浄し樽詰めしやすい状態に準備をしてくれました。私は、真っ赤なつなぎに再度身を包み、さあ、働くぞ！樽詰めだ！と朝からテンションが高くなっていました。何も言わずとも、いつものメンバーがはせ参じてくれました。

廣瀬エノログから段取りの説明があります。とはいっても、樽を硫黄で燻煙殺菌し、ピッチャーでワインを運び、漏斗（じょうご）を使って樽に移し替えるだけです。その前にテイスティング、今日のワインはやや難しい味わい。すっかりステンレスタンクで冷え切っていて、透明度は高いものの、香りが出てこない。

廣瀬「透明感、輝きが素晴らしい。」

私「ペーハーが低いと透明感のあるワインになるそうよ。だから、暖かい地方のワインは色が濃く、透明感に欠けるそうよ。」

吉野「手でグラスを温めると香りが立ってきますよ。何とも言えない香りで、これが樽熟によってどう変化するかが楽しみですよ。」

私「そうね、今回は樽のローストがM（ミディアム）とM＋（ミディアム・プラス）

▶樽詰め前には必ず、硫黄で燻焼し、殺菌

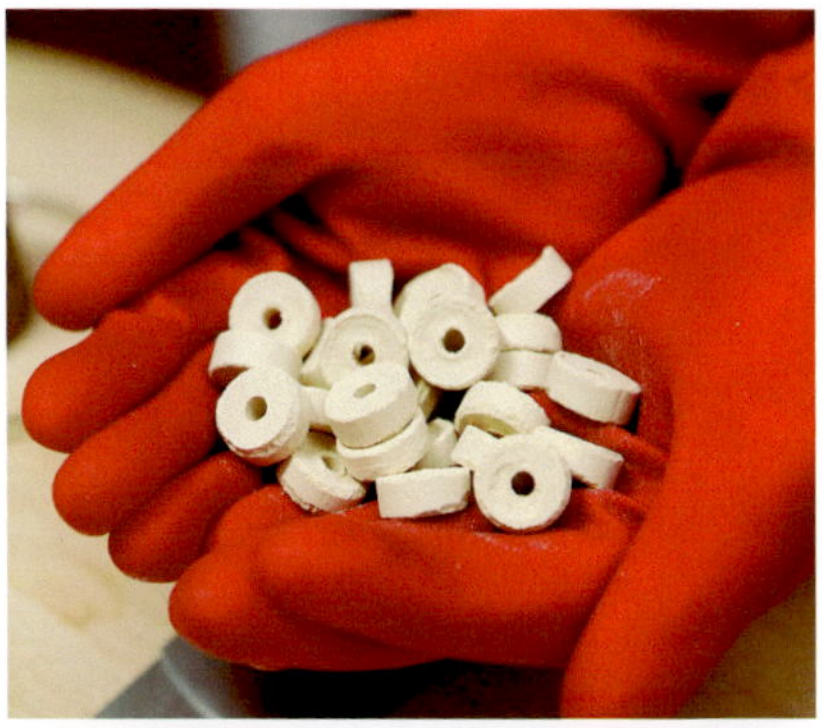

▼硫黄を燃して樽の中に入れるとSO_2となり、殺菌

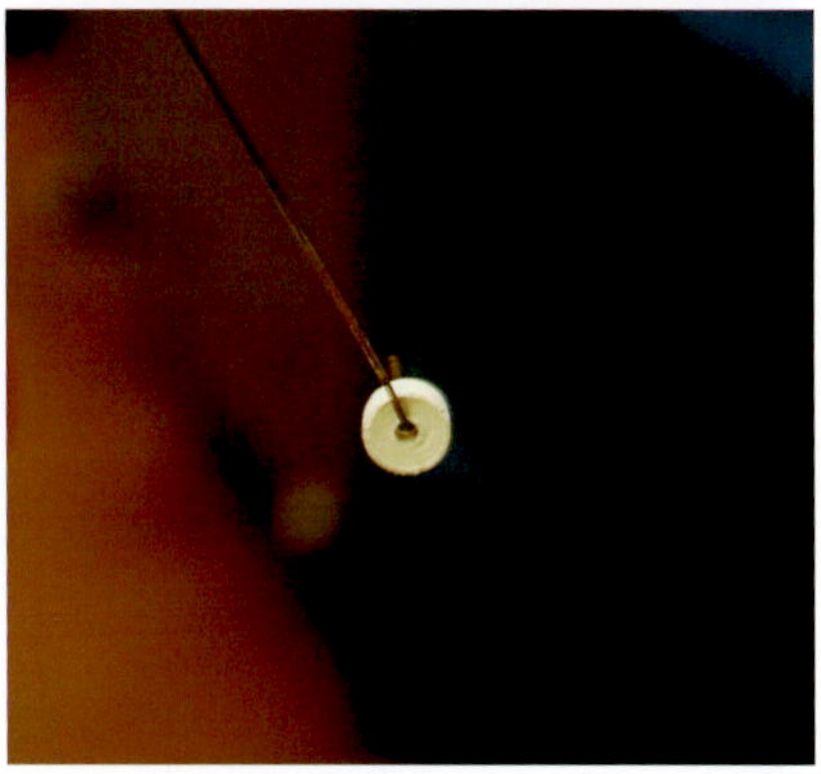

一粒で充分樽が殺菌できる

ですからね。」

廣瀬「僕は、M＋が楽しみ。これだけ、酸が強いワインがローストの強い樽からどのような成分がでてきて、香りと味に変化をもたらすかを良く観察したいね」

さて、硫黄を燃やし、燻煙殺菌が終わると、用意されていたSNO-056のタンクのワインから、まず、No.3087と刻印された、プレステージMの樽に500ml、3000mlのピッチャーと漏斗を使って入れ始めます。漏斗にはホースを付け、樽の下のほうから徐々にワインが樽に入るように工夫し、乱暴にワインを入れるようなことは行いませんでした。

SO_2で燻煙されているので、ワインを入れる度に、硫黄臭を放つ白い煙が出てきます。徐々に煙も出なくなると、最後は樽から溢れないように気を付けながら、ワインを慎重に注いでいきます。誰でもできる作業で

樽にワインを入れると、燻焼したSO_2が出てくる

次々と樽にワインを詰める

樽詰に関った人々のサインを入れて終了

すが、気持ちを入れることが大切。タンクに残ったワインはウィヤージュ用に取っておきます。

ほとんどフリーランしか使っていないので、澱はほぼ出てきません。2樽を入れ終え最後に残った澱で、樽をきれいにお化粧し、樽詰めの記念に皆でサインをして、今日の作業はおしまいです。たまたま、別件でワイナリーを訪ずれていた十勝毎日新聞の林浩史社長も、スペシャルキュヴェの成功を願ってサインに加わってくれました。

さあ、クリスマスケーキとスパークリングワインで乾杯！そしてワインの静かな樽熟が始まりました。

21

樽の中で静かにMLFが始まる

２０１５年1月17日。年が明け、樽熟の様子を見に、可能な限り池田町に戻りたいと思っていました。静かに樽で寝ている間にも、ワインはマイクロオキシデーションによって、少しずつ変化をします。これから、12か月間、樽との相性を見守らなくてはなりません。

この時、はっきりと樽熟期間を決めたわけではないですが、12か月は置きたいと思っていました。樽熟によって「グリーンフレーヴァ」はかなり解消されるのではと感じています。ボルドーのカベルネ・ソーヴィニヨンの特徴と言われる「グリーンタン

ニン」を思い出し、ボルドーの生産者がどうしてここまで樽熟に拘るのかを、私も肌で感じてみようと思いました。この後、毎月、池田町を訪ね、ワイン城の地下室で眠っているワインの樽熟の変化を確かめることになります。

私「廣瀬さん、まだＭＬＦ[*1]が始まらないの？ＭＬＦはいつごろ始まるの？」

廣瀬「大丈夫、必ずＭＬＦは起きますから。毎年、1月末から清見、清舞、山幸、山ぶどう、ツヴァイゲルトレーベの順に始まるから不思議だよ。自然は面白いよ」

私「どうして、乳酸菌を入れたり、温度を上げたりしないの？」

廣瀬「自然に起きるから大丈夫。20数年同じ順番で起きているからね。それから、10数年前から北海道立総合研究機構との共同研究によって、十勝ワインの地下熟成庫に棲みついている乳酸菌の一種、オエノコッカス・オエニが見つかったよ。」と、経験者の説明に、私は疑問を持ちながらも従うより仕方なかったのです。

ワインの味わいは、少しずつ変化を始めていました。ローストの強い「Ｍ＋」の樽はローストがしっかりとありましたが、まだワインとはかけ離れ、別ものとして感じます。ローストの少ない方の「Ｍ」の樽はやはり、ワインの果実味が勝ち、ややグリーンフレーヴァを感じさせます。

私はテイスティングをしながら、廣瀬エノログから学び続けています。

*1　ＭＬＦはマロラクティック発酵の略。リンゴ酸が乳酸菌の働きによって乳酸となり酸がまろやかになる。

22

ウィヤージュの重要性

樽熟の最中の大切な作業に、ウィヤージュ[*1]があります。樽熟中に目減りした分ワインを注ぎ足す作業です。これはワインの酸化を防ぐためには避けて通れません。しかもこの作業は定期的に、頻繁に行わなくてはならない作業です。

そのウィヤージュのために、ワインを別途確保することが必要となります。今回は30ℓのワインを用意しました。たった950ℓのワインのために、全体の約3%のワインが必要となります。ボルドーのように、数千の樽がある場合は一体どうなってしまうのだろうか？この作業に直面し、ワイン造りは根気がいるだけではなく、パッションを持ってやり遂げる精神を持たないと、消費者に褒められるワインは造れないとつくづく感じました。そしてたった3樽のウィヤージュのために、週2回ワイナリーを訪れ、ワインの様子をチェックする廣瀬エノログには、頭が下がるばかりです。

最初は目減り量が早く、225ℓ樽ふたつと、500ℓ樽ひとつために、500㎖小瓶に詰めたワインが2本必要でした。それは3月末まで続き、保存しておいたワインは樽へと吸い込まれてしまいました。徐々に目減りは少なくなったものの、セラーの

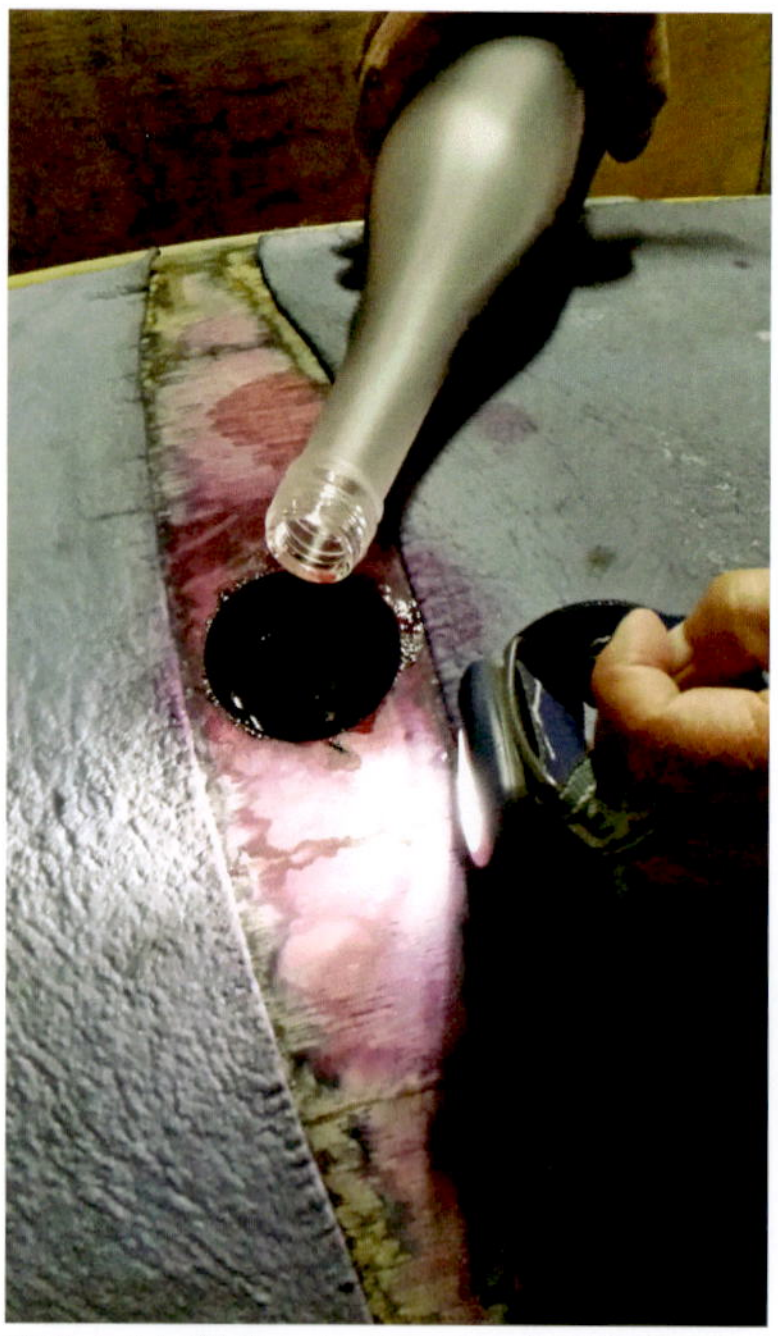

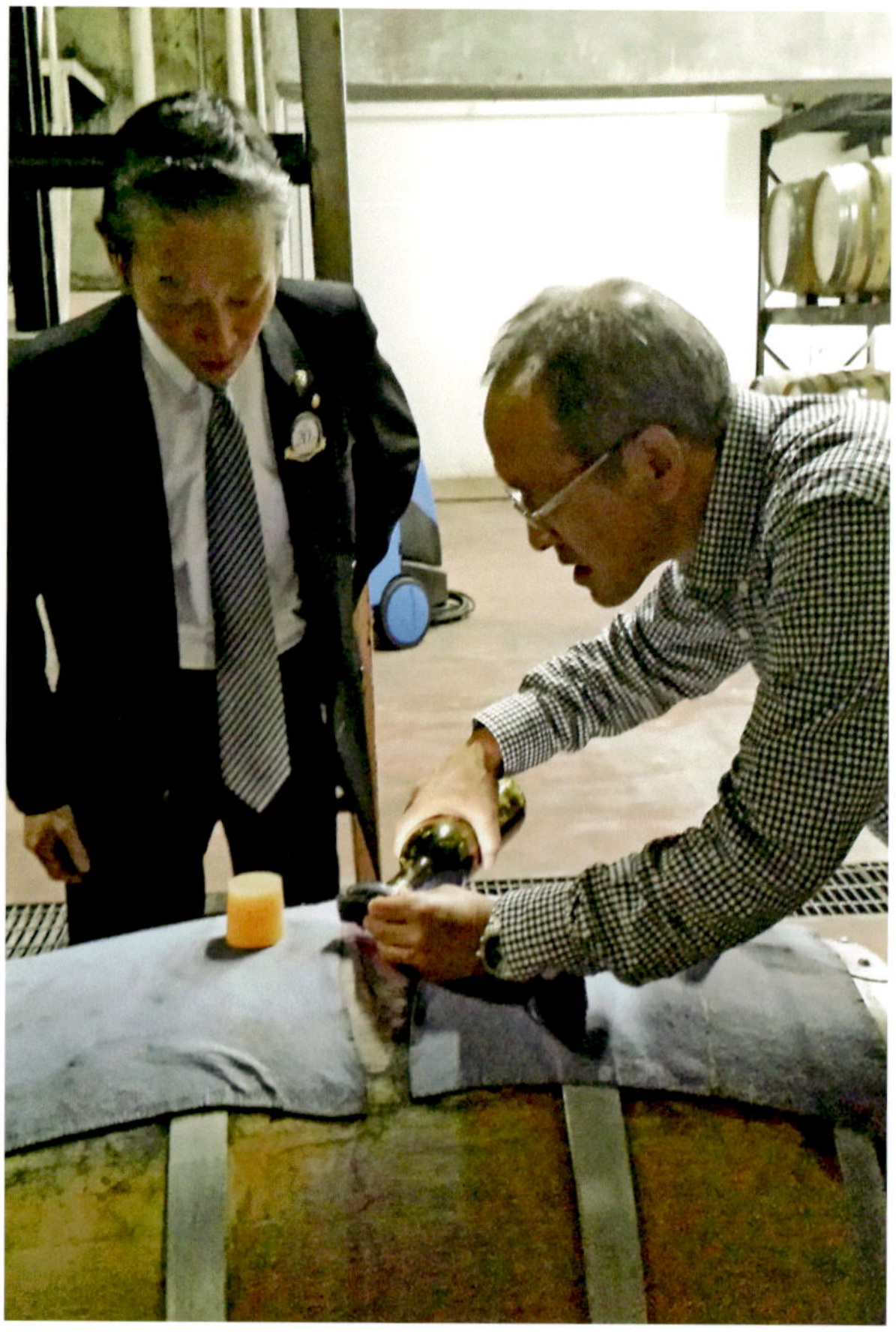

樽熟中は毎週2回、ウィヤージュ（目減り分の注ぎ足し）が欠かせない
廣瀬エノログ（右）と吉野ソムリエ

湿度によってその目減り量は変わってきます。

今回は樽熟したワインが綺麗なフリーランであったため、樽から樽への澱引きをする必要がありませんでした。が、樽熟の過程におけるウィヤージュは欠かせない作業です。

東京ではそろそろ春を迎える、3月10日、待ちに待ったMLFが始まりました。MLFが終わった3月29日の測定値の総酸は8.6g/ℓ。収穫時のぶどう果汁総酸度は15.16g/ℓ、MLF前の2014年12月9日の総酸度は12.39g/ℓでしたから、MLFによって酸度の量はかなり減り、まろやかで且つ、しっかりとした味わいに変わってきていました。

*1　酸化を防止するために、樽熟成中のワインの目減り分を補充する作業。

23

バトナージュをどうしましょう？

さて、樽熟の間はなるべく人間は静かに見守っているべきか？ウィヤージュは単純ですが、これだけは欠かしてはいけない作業です。そしてそのたびに、テイスティングをしてワインの調子を見てワインと語ることは、ワインを造る人のポリシーにもつながります。

時々来ては、ワインのテイスティングだけをする私は、ワイン醸造に携わるすべての方々の到底足元にも及びません。

ＭＬＦ[*1]が終わりかけた頃、私は廣瀬さんにバトナージュをするようにと提案してみました。白ワイン、特にシャルドネは発

酵中でもバトナージュを週1回行うワイナリーもあり、一時は流行った醸造方法です。そこで、私は今回バトナージュを行うことにしました。実は、プレスが65％弱とほとんどフリーランであったこと、樽に入れる前、1か月間は澱を沈殿させていたこともあり、ほとんど澱が無い状態です。攪拌しても、澱は軽くほとんど固形物を感じませんでした。この酵母の死骸の澱は、ワインと触れ合うことで自己消化が起きやすくなります。一般に微生物は高温でエネルギー源が少なく、嫌気的な状態において自己消化しやすく、自己消化による生産物はペプチド、アミノ酸、アンモニアなどの蛋白質分解物、そしてpH4～5または8～10のときにはポリヌクレオチド、オリゴヌ、クレオチドおよびモノヌクレオチドの塩基核酸分解物、そして、糖、多価アルコールおよび有機酸の他、マンノース、グルコース、ガラクトース、アラニン、セリン、グルタミン酸、アスパラギン酸から成るグリコペプチド糖類などの糖類その他が検出されています。

（「微生物の自己消化について」魚住武司、有馬啓 東京大学農学部農芸化学科のレポートより抜粋。https://www.jstage.jst.go.jp/article/kagakutoseibutsu1962/3/11/3.../_）

pHの低い「山幸」には、バトナージュによる自己消化はそれほど期待できないかもしれませんが、とりあえず、寒冷地で味がともするとフラットになりがちなこのワインに少しは良い影響をもたらしてくれたのではと思います。

さて、バトナージュはその後、数回行い、樽での成長を期待して見守ります。

*1 熟成中のワインを攪拌し、酵母からのアミノ酸などをワインに取り込むことによって、ふくらみと旨みが増した味わいとなる。

24

樽熟は静かに、でも成長は確実に

ＭＬＦが終わってくれると、ワイン造りの山場は過ぎた感がします。これで、あとは静かに、樽の機嫌に任せ、樽上げを何時にするかを、ワインの様子を見ながら決めれば良いと考えられるようになります。乳酸菌も酵母も生物が活動している間は良くない方向に進む可能性があるからです。

ＭＬＦが起こるためにはやはりpHが関係しています。pH[*1]が低い「山幸」はどうしてもＭＬＦが遅くなります。さて、ゴールデンウイークを利用して池田に帰り、ＭＬＦが終了したワインをテイスティングしました。ＭＬＦでピチピチしていた時には感じなかった、樽による違いがはっきりとわかるようになりました。

ローストの少ない「Ｍ」は、「山幸」の個性が強く出ており、どちらかというとバニラ系の香りが強く出ていました。一方「Ｍ＋」は煙草の香りや、スモーキーさが出てきており、ワインをまろやかに、そしてバランスの良さが出ていました。５００ℓに寝かされた、ツヴァイゲルトレーベがブレンドされているワインもとても柔らかい味わいを持っており、パワーには欠けますが、エレガントにまとまっていました。

この味わいは毎月変わり、7月8日にテ

イスティングした時には、実は２２５ℓ樽の両方とも、グリーンフレーヴァ、俗に言う「青臭さ」がトップノーズに強く感じ、もしかしたらこのワインは失敗ではないかとブルーな気持ちになってしまいました。

*1　ＭＬＦはpH3.1以下だと起きないと言われていた。しかし地下熟成室に棲みついている乳酸菌はpH3.0以下でもＭＬＦが起きることがわかり、特許を取得。十勝ワインではツヴァイゲルトレーベが最もpH値が高く、最も早くＭＬＦが起きるはずだが、毎年一番遅く、遅い年は5月に入ってからＭＬＦが起こる。その原因はまだ明らかになっていない。

ウィヤージュをする廣瀬エノログ

25
ボトルそしてラベルデザインはどうするか？

池田ワイン城の正面入り口に、薬師如来台座拓本が飾られています。これには、ストーリーがありました。台座には、唐草模様、すなわちぶどう柄が描かれています。ぶどうがいかに人間の健康とかかわってきたか、ぶどうは時には滋養として大切な役目を果たしたことが分かります。

イタリアのワイナリーを訪問した時、年配の生産者が、「第2次世界大戦直後で、食べるものにも困った時代は固くなったパンをワインに浸して飢えをしのいだもんだ。」という話をしてくれたことがあります。

フレンチパラドックスは有名ですが、ワインはローマ時代には兵隊の士気を高めるため、そして、滋養のために無くてはならない飲み物だったのです。その後、新大陸を発見したヨーロッパの人々にとっても、ワインはパンと同じように常に大切な食料だったと考えられます。ですから、南アフリカで1659年2月2日最初にワインができたときは、当時の総督であったリーベックは、日誌に「神様、ありがとうございます。今日はじめてこの地でワインが造られました。」と記しました。

さて、話が飛びましたが、十勝ワイナリー（通称：ワイン城）の正面玄関に飾られている、薬師寺の台座の文様は、ワインによって池田町の住民が健康でいられるようにとの思いから、父が薬師寺にお願いし、使わせていただいたものでした。

私は、この父の思いをラベルのモチーフに使いたいと思い、ラベルのデザインを考えました。ラベルデザインはワインの品質には関係無く、私の中ではプライオリティは高くないのですが、それでも、拘りはどこかに持ちたいと思いました。

そして、ワインの名前には父へのそして十勝ワインの50年を支えてきた先駆者、多くの関係者へのオマージュとして、HOMMAGEという名前を、またセカンドワインとなった、ツヴァイゲルトレーベがブレンドされたワインには、未来永劫に発展する思いを込めて、INFINIという名前を付けたかったのです。ところが残念なことに、どちらもワイン名として商標登録されていることが分かり、結局別の名前を付けることになりました。

幾つかのアイデアとパッケージや今後の販売方法に関してはワイナリーの方と協議し、名前は廣瀬エノログが考えてくれた、Etudiéになりました。フランス語で「研究」を意味し、十勝ワイナリーが今後も長く研究を続け、良いワインを造り続けることを願ってのことでした。

また今回のワインはHOMMAGEではありますが、「研究」をし、「山幸」のポテンシャルを探すというプロジェクトに合致した素晴らしい名前です。セカンドワインはワイナリーの皆様のアイデアで、Etudié-XYZとなりました。Xは十勝ワインをYは「山幸」をZは20%ブレンドした「ツヴァイゲルトレーベ」を指します。そして2014年ヴィンテージだけは、Hommage à Kaneyasu Marutaniを入れてもらうようにお願いしました。加えて、ラベルにはナンバリングを入れるようにしました。

11月13日には、ワインボトル会社のイチノセトレーディング㈱一ノ瀬公高《まさたか》社長から、今回使いたいと思っているブルゴーニュタイプのサーベル社のボトルの規格図が届きました。私がブルゴーニュボトルにしたいと思った理由は、明確です。

十勝ワインではボルドータイプ、しかも日本サイズの７２０mℓを使っています。とりあえず、国際サイズの７５０mℓを使いたいと思いました。実はボトルのサイズは様々です。例えば、少し前までドイツのボトルサイズは７００mℓでした。が、ＥＵの統合はこのようなところまで影響を与えています。また、十勝ワインではブルゴーニュタ

ラベルのデザインのモチーフにした、ワイン城の入口に飾られている、奈良薬師寺の薬師如来台座拓本

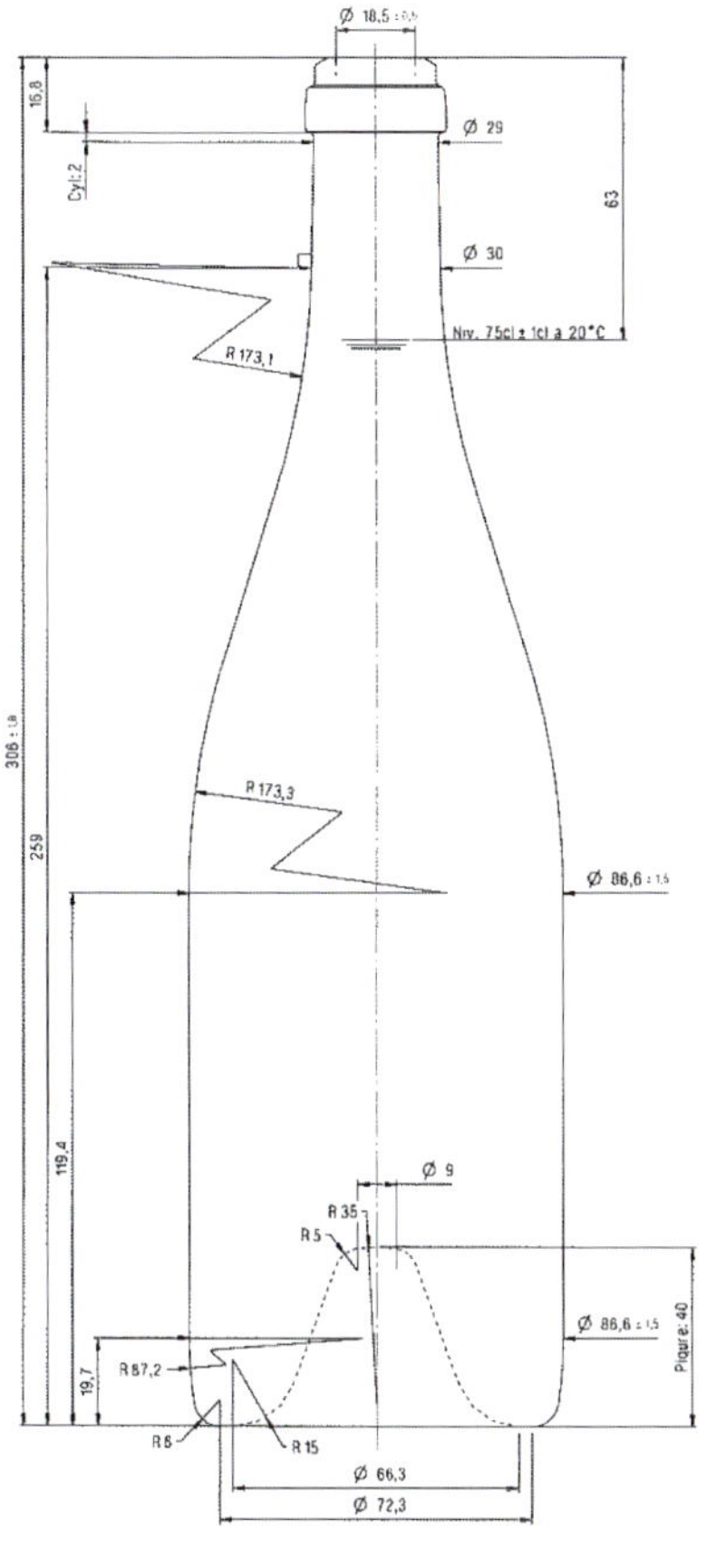

イプのボトルを使ったことがなかったからです。新しいスタイルとしてワイン造りを試したのですから、フレッシュな感覚で良いのではと思いました。特に品質を意識したわけではありませんが、どのような時にも変化と革新は必要です。

次はコルクです。一ノ瀬社長に相談し、十勝ワインが仕入れている、内山工業に相談しました。下記はそのときのメールのやり取りです。

Sent: Monday, October 26, 2015 3:28 PM

「初めてメールを送らせていただきます。御社にも大変お世話になっております十勝ワインのご協力をいただき、田辺由美・スペシャルキュヴェを造っており、ボトルは一ノ瀬社長にお願いしました。コルクの相談をしましたところ、澤支店長様をご紹介いただきました。できましたら、一度お目にかからせていただければと存じます。ボトルの形状にもよりますが、50㎜～55㎜の品質の良いコルクを使用したく存じます。」

「ワインアンドワインカルチャー株式会社
田辺様

内山工業の澤です。49㎜のＧＣクラスも加工／供給実績があります。サンプルをお送りしましょうか？コルクの工場は岡山市内にありますので、一度ご見学されてはいかがでしょうか？」

このようなやり取りが行われ、とりあえず満足できるコルクを入手することができました。ワイン造りに色々な方々の協力によって成り立っていることを、そして、ワインボトルにワインのコルクにと拘りの会社があって日本のワイン産業を支えているのです。最後は、ワイン充填器と手打ち打栓器が登場します。

26

樽上げを決める前に試飲と前処理

２０１５年11月になると、樽の熟成期間をどうするかの大切な決定事項に直面しました。テイスティングを重ねながら、最終的には非常にまろやかになり、バランスもとれてきたので、そろそろ樽熟を終了してもよいのではないかとの結論を出す時期になってきました。

その前の、10月18日、２０１５年のぶどうを収穫した後の反省会で、２０１４年ヴィンテージのこれから行わなくてはならない、澱引き、樽上げ、濾過、ディステラージュ（酒石酸落とし）、瓶詰などの話し合いが行われました。その時に安井所長から、「酸の強い北海道のぶどうから造られるワインでも、発酵前に補酸しなくてはならない時があるほど、ワインのpHが上昇傾向にある」という話がでました。廣瀬エノログは、そのことが気になり早速、樽熟されているワインを調べた結果、pHは3.4前後で安定しており、全く問題がないことが分かりました。

さて、これからの予定では樽熟期間が話の中心となりました。

私「なるべく長く、ボルドーほどとは言わないまでも、1年半ぐらいは熟成させたいね。でも、そうすると発売日の6月3日には間に合わないしね？」。発売日は父の

米倉シェフ

吉野ソムリエ

廣瀬エノログ

命日と決めていたので、そこからの逆算で、樽熟期間が決まります。

廣瀬「今までの経験でもタンニンが少なく、新樽の影響もしっかりとワインに表われてきたので、そろそろ樽から出して良い時期だよ」

私「では、今年中に樽から出して、2015年のワインを入れましょうか？そして、コラージュ[*1]（清澄）はどうします？」。一般的には樽から出す1か月以上前には、卵白処理を行わなくてはなりません。実は、2014年の収穫時に、卵白処理を行うのだったら、この卵を使うべきだと、パッケージを持ってきてくれた方がいました。卵白がしっかりしていてコラージュに向いているのでしょう。

廣瀬「今日もテイスティングしたけれど、全く濁りがないし、綺麗に透き通っているから、コラージュは必要ないと思うよ。」

私「そうね、タンニンがやわらかく、ブ

田辺

田中ソムリエ

ルゴーニュのようなので、そのままあと1か月静かにしておくと、その必要はないのね。」

そんな話の中にも、ブルゴーニュタイプのボトルを使用したいと浮かんだ理由があったのかもしれません。綺麗な酸とエレガントでスムーズな口当たり、ブルーベリーやフランボワーズの香りと樽による、スモーキーさ、特にローストの強いM＋の小樽は非常に上品にバランスが取れていました。その味わいが自然とブルゴーニュ型ボトルのイメージと重なったのです。

結局、コラージュ無しで樽上げをすることになりました。

*1　熟成の終わったワインを澄ませる作業。清澄剤として、ゼラチン、卵白、ベントナイトなどが使われる。

27

最後のテクニカルな打ち合わせ

２０１５年11月30日。ワイン造りは発酵と樽熟成だけではありません。ワインの品質を決める最後の工程は、樽上げ⬇澱下げ⬇酒石落とし⬇濾過⬇瓶詰とテクニカルな仕事が待ち受けています。当然、十勝ワインの専門家スタッフの力を借りなくてはなりません。器具の選択から設置準備と様々な細かなことをきちんと決め、それに沿って準備や作業を行わなければ、それまでの苦労は無駄になってしまいます。すなわち、最後の作業が品質にも大きく影響を与えるということです。素人の私は専門家の判断にゆだねるしかありませんでした。11月の上旬から何度か相談をしました。そのやり取りは次のような非常に専門的な内容でした。

２０１４年ヴィンテージの瓶詰までの作業

1

十勝ワイン　小樽No.3087とNo.3088、中樽No.6063を別ロットとして扱うかどうかについてお知らせください。その場合販売方法や価格についてもどうするかは、こちらで判断する場合もあるかとは思います。

田辺　別ロットにし、違う価格にしようと思います。12月中旬の樽上げ時にテイスティングをして最終判断をするようにしたいと思います。

2 ⬅

十勝ワイン　現在、外装等について話を進めていますが、瓶の形状をブルゴーニュタイプにするとして、瓶詰する際に決めておかなければならないことがいくつかあります。まず、瓶はどのような荷造りでワイナリー配送されますか？（例えば、瓶バルクかダンボールか）

田辺　一ノ瀬社長に確認します。

十勝ワイン　こちらで確認します。

3 ⬅

十勝ワイン　瓶洗浄に工場リンサーを使用する場合、現在の仕様で対応可能かどうか。

田辺　安井所長のもとにボトルサンプルがあります。調べていただけますか？

十勝ワイン　サンプル瓶は確認しました。詰め本数が少ないので1本用の濯ぎで検討しています。オゾン水等は考えていません。70℃程度の湯洗浄となります。

田辺　よろしくお願いします。

4 ⬅

十勝ワイン　A倉庫等で手洗いする場合、濯ぎを行いますか、また行った場合どのように乾燥させますか？また、これら作業の分担について決めたいと思います。瓶詰については衛生面を考えて工場内が妥当と考えています。瓶洗浄についても同様です。工場の職員で行うべきと考えています。

田辺　工場内で洗浄していただけるのであれば、お願いしたいと思います。

5 ⬅

十勝ワイン　ワインのコラージュについてですが、卵白処理は行いますか?キャリーオーバーになることは明白ですが、アレルギー等の表示問題もあり、現在研究所ではアルブミン[*1]の使用は中止しております。

田辺　卵白処理は行いません。

6 ⬅

十勝ワイン　225ℓの小樽や500ℓ中樽からのワインの取り出し方法について、今のところ12月中旬を予定していますが、本日雪が降り、地下熟成室への電気リフトの移動は困難となっています。どのように行いますか。小樽についてはハンドリフトで外に出し、リフトでA倉庫まで運び、落差で取り出す。中樽については地下室でステンバット等に受けて移動することが可能と思われます。また、この樽上げ後の使用タンク、保管状態をどのようにするかお知らせください。

田辺　小樽、中樽とも落差で桶に受け、ステンバットに入れようと思います。それをA倉庫に移動してもらい、A倉庫にある400ℓ、200ℓ、100ℓのステンレスタンクに移し替え、タンク上面をフィルムで覆い、保管し、低温状態で1〜2か月ほどかけ、ゆっくりと酒石を下ろすのはどうでしょうか？

7 ⬅

十勝ワイン　濾過は作業上の手間や、メンブレンフィルターが安くはないこと、窒素ガスの使用量も濾過を繰り返すと消費が多くなることが予想されます。どの程度までの濾過にするかによりますが、プレフィルター程度でよいのでは。サニタリーポンプの使用も検討してはいかがでしょう、であればカートリッジフィルターも使用可能と思います。

田辺　メンブレンフィルターは考えていません。プレフィルターとして使っているDP70またはGC90での軽い濾過を考えています。また、サニタリーポンプ、カートリッジフィルターの使用は考えていません。

十勝ワイン　この濾過ですが、誰がいつどこで行う予定としていますか、また、濾過後の受けタンク・保管状態についてどのように行いますか。

田辺　この濾過は、酒石が下りた段階で廣瀬エノログが2月中旬に行います。濾過受けタンク、保管状態は上記樽上げ時の項と同様でさせてください。

8 ⬅

十勝ワイン　レイメイ[*2]での瓶詰の際、ワイン供給はどのような方法で行いますか？

田辺　パレットを数段積み、その上にタンクを載せて、落差でレイメイにワインを供給します。

十勝ワイン　レイメイに入れる際に、チェックフィルターは必要ですか、充填温度は何度で行いますか。750㎖の瓶ですが、容器検定の必要がありますので余裕を持った納品が重要です。

田辺　チェックフィルターをつけられるのであればお願いします。充填温度は室温で行います。ボトルは検定に間に合うよう、余裕を持って納品できるように致します。既に日本に向かっていますので、十分間に合うかと思います。

9 ⬅

十勝ワイン　コルク打栓は手打ちでOKですが、封蝋は時間と手間がかかる上、きれいに仕上げるのは大変かと思います。一方、工場でキャップシールをする場合はそれなりの調査が必要となります。

田辺　時間と手間はかかりますが、プラスティック製の封蝋でシールをします。

十勝ワイン　基本的に封蝋も工場の職員でと考えています。購入すべきプラスティック製の封蝋の色等をご指定ください。この際、小樽と中樽の色は変えますか。

田辺　小樽と中樽でラベルと封蠟をどのようにするか、まだ結論を出していません。ご相談させてください。

10 ⬅

十勝ワイン　ラベルは手貼りとなると思いますが、箱詰めも考えると工場での作業となります。ラベルのデザイン、大きさ、瓶形によっては機械貼りの可能性もあります。

田辺　ラベル貼は瓶詰3か月後に工場で行っていただけるとありがたいです。

十勝ワイン　了解です。

11 ⬅

十勝ワイン　ダンボールは瓶形に合わせ発注が必要と思います。

田辺　ダンボールは、割高になりますが、瓶形に合わせ発注したいと思います。

十勝ワイン　ダンボールは何本入れとしますか。仕切りの高さ等発注先の関係もあるのでこちらに任せていただければと思います。

田辺　商品については、現在木箱も思案中ですが、最近の方向性は特別なワインでも、ダンボールが多くなっています。外装箱仕様については相談させてください。(以上)

さて、このようなやり取りによって、いよいよ製品になっていく緊張感と責任感が強くなってきました。

*1　卵白を源語とする、単純タンパク質のひとつ。
*2　果汁やワインの充填器の会社

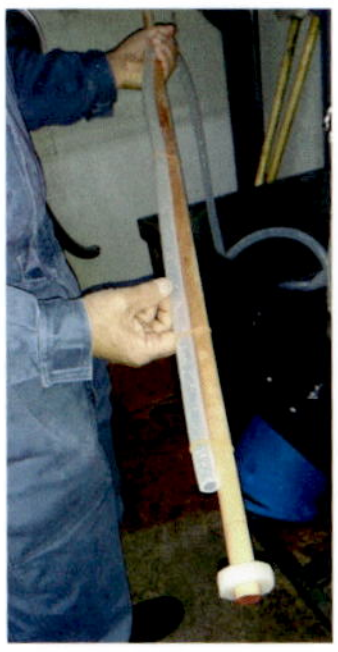

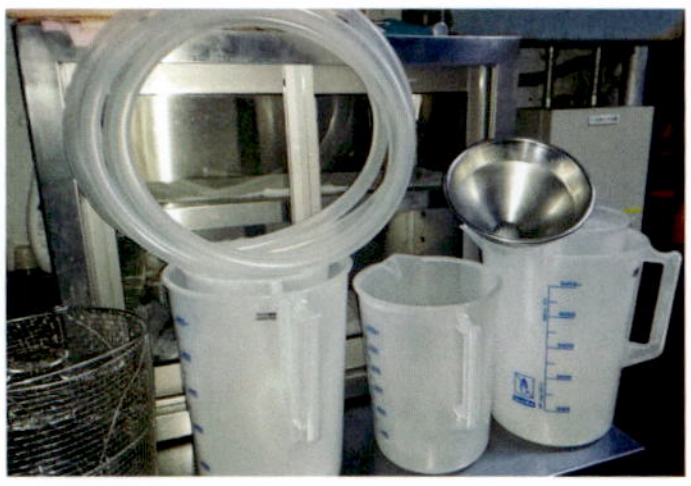

▲樽上げの器具
◀ホースが樽の底に付かないように工夫。底には澱がたまってる

28 さあ、樽上げ グラヴィティー体験 その3

２０１５年12月21日。樽熟を始めて丁度３６５日が過ぎました。私が池田町に帰省できる日として選んだ12月21日は、たまたま樽熟1年目の日でした。

寒く、まさに「しばれる」なか9時から、樽上げの作業が始まりました。その前に、テイスティングは欠かせません。まずは、５００ℓの中樽熟成のワインから樽上げを行います。透明感と輝きは相変わらず素晴らしいです。これは間違いなく、pHの低さがブリリアントな輝きを与えてくれたのでしょう。そして、スミレの香り。これは間違いなくツヴァイゲルトから来ていると思われます。ツヴァイゲルトレーベは良いぶどう品種だとうっとりとしながらも、どうしても十勝以外で栽培されたぶどうであることが私には引っかかってしまいます。

オーストラリアで、「マルチ・リージョナル・ブレンド」という言葉があります。オーストラリア特有のワイン産業形態が関係しています。オーストラリアのワイナリーはペンフォールドやジェイコブス・クリークなど、巨大な会社がいくつかあります。そして、ワイナリーは集中キッチンならぬ、集中ワイナリー方式をとっています。すなわち、ぶどう栽培地とワイン製造地には大

樽上げの前に清澄度を確認

きな距離的隔たりがあります。

現在の技術によって、１０００km、２０００kmいやいや、もっと遠くからも原料ぶどうをほとんどダメージ無しに運ぶことも可能です。温度管理されたタンクローリーにぶどう果汁や房をそのまま、数千キロ離れたワイナリーまで運ぶことが可能です。

そして、それらのぶどうの欠点を補うブレンドを行うことによって、より美味しいワインが造られるのです。ワインに個性を求める前に、味わいを求めることには賛成です。

だから十勝ワインのように、寒冷地で素晴らしい酸に富んだワインが造られるのでしたら、山梨のマスカット・ベーリＡや長野のメルロとブレンドすることによってさらに美味しい、日本のワインが造られる可能性があります。そのようなことを考えながら、ワインのテイスティングを続けてみました。

９時10分、５００ℓ樽から樽上げが始まりました。このときの道具は全て、近くにあるものと廣瀬エノログの手作りで、機械類は一切ありません。今回もグラヴィティーが原則です。

５００ℓ樽はセラーの上のほうにあり、グラヴィティーがしやすい状況でした。ポンプを使わず、長いホースで上からワインを落としてタンクに移し替えます。

樽の底が丸くなっているのは当たり前ですが、ホースが下までついてしまうと、滓が先に出てきてしまいます。それで、澱があると思われるまえの上部のワインを移すべく、ホースの長さを一定にし、下につかないよう棒とホースをくくってから樽に入れました。これが、廣瀬エノログが考えた、即席グラヴィティーシステムです。

上澄みを移し替えるのにはそれほど時間はかかりません。９時10分スタートで９時47分には終了しました。最後のほうは、グ

▲上部に置かれている、500ℓの樽からグラヴィティーで樽上げ

225ℓの樽の準備

▶まずは樽の底までの深さを確認

ラスで澱の様子を見ながら、濁りが出た時点で終了です。５００ℓ樽No.6063からステンレスタンクNo.075への移動は無事終了。澱は、No.60に入れました。No.60の36ℓは５００ℓのNo.6063からがほとんどです。欠減は５００ℓからが24ℓ、２２５ℓのNo.3087とNo.3088では19ℓが欠減となりました。

　次は小樽の樽上げです。これは、地面に置いてあるために、簡単にはグラヴィティーが行えません。少しフォークリフトで上げてホースで少しずつ、上澄みを小さな容器に移し、それをまた大きなタンクに入れるという、人海戦術がとられました。

　この時点で小樽のローストが異なる、「M」と「M＋」が初めて一緒になります。ややボディに欠けるが、果実の特徴とバニラの香りがしっかりと表れている「Mの樽」とカカオやタバコ、スモーキーさが出ている「M＋の樽」が合体されました。

樽上げ（2015年12月21日）			
	中樽 No.6063（500ℓ）	小樽（M） No.3087（229ℓ）	小樽（M+） No.3088（227ℓ）
経過	9:10 ↓ 9:45 ↓ 9:57 ↓ No.075 ↓	10:07 ↓ 11:02	11:02 ↓ 11:55
	No.42	No.41	
ワインの量	439ℓ	437ℓ	
澱	No.60に36ℓ	—	
濾過	2016年2月21日	2016年2月22日	
ぶどう品種	山幸 +ツヴァイゲルト	山幸	
経過	No.42、60 ↓ No.853	No.41 ↓ No.852	
ワインの量	464ℓ	430ℓ	

樽No.3087の229ℓは10時7分に始め11時2分に終わり、次の樽No.3088の227ℓが終わったのは11時55分で、ともにNo.41のタンクに収められました。225ℓの小樽から437ℓ、500ℓの中樽からは439ℓのワインが取れました。

コラージュを行わなくても、輝きのある澄んだワインが得られ、無事素晴らしいワインへと成長してくれていました。結局濁りのある澱部分は全てで10ℓと僅かでした。プレス時のフリーランだけを樽熟させた意味がここで出てきたのです。

もし、歩留まりを高くしたら、コラージュも必要だったでしょうし、これから行われる濾過も時間が掛かったでしょう。機械を使わず、「負」を取り除き、「負」を減らす、という廣瀬エノログの言葉が、再度私の心に刻み込まれました。

手作業の良さは結果として味わいにはっきりと表れてきます。すぐに、大口のタンクから細長いタンクに移し、冷気に当たるようになるべく外に近い場所にタンクを置きます。

さらに、これから2か月間、酒石を落とした後、瓶詰を行います。

29

そして濾過はすべきかどうか

２０１６年2月21日と22日。廣瀬エノログとの話し合いで、コラージュをどうするかは綺麗な透き通ったワインを確認し、行わないことが決まりましたが、次の問題は濾過をどうするかです。濾過は醸造家にとってはバクテリアの排除、すなわち酵母やその他のワインの中に潜む、悪さをする野生酵母や雑菌を取り除く作業です。確かに、この作業はワインを製品化させるには避けては通れない、「負」を排除する大切なことです。

実は、この濾過を行う数日前、北海道のワイン生産者19社が加入する、非営利団体「道産ワイン懇談会」の主催する、ワイン試飲会に参加してきました。その時に、１月に試飲したときにはほんのりと心地よい甘さが残る素晴らしワインだったのですが、１か月が過ぎたこの時に、瓶内発酵を起こし、ダメージが出ているボトルに出会ってしまいました。既に製品として販売できる状態ではないことは明らかでした。

これは瓶詰前の濾過作業がきちんとなされなかったか、濾過後に何らかの事情で酵母が入り、少し残っていた糖に悪さをしたのでしょう。酵母は温度によってあたかも無くなっていたかのように、静かにしていますが、これは冬眠しているようなもので、

濾過の道具（右）
3ミクロンの濾過紙を設置（左）

温度が上がると活発に動き出します。

ドン・ペリニョンがシャンパーニュを発明したときの、「春になり、瓶詰してあったワインが再発酵したことが、この素晴らしいスパークリングの発明につながった」いきさつです。

さて、この濾過に関して、廣瀬エノログは、濾紙としてはきめの粗い、[*1]3ミクロンの薄い濾紙を一枚通すだけでどうにか大丈夫との結論を出しました。

濾過はゆっくりと濾紙をワインが通っている間、待たなくてはならず、たった1000ℓのワインでも朝9時から始めて夕方まで行って、2日間かかります。手伝いは、十勝ワインの機械のメンテナンスを引き受けていた山畑技師です。

私「やはり濾過をする前と、濾過後は味が違うね。雑味もとれるけどなんとなく厚みが少なくなるような感じ。」

廣瀬「でも、こればかりは醸造家としては譲れないよ。リスク回避のため、軽く濾過し酵母を取ることは絶対に必要だからね。」

私「………。仕方がないね」

さてこの作業もグラヴィティーです。今回のグラヴィティーとは、イコール手作業です。まず、昔使っていた10ℓと50ℓの密閉タンクを使います。小さい方には水を入れ、50ℓのタンクにはワインを入れます。50ℓ入りですから、1日10回同じことを行うわけです。一度の濾過に50分かかるとすると、次の準備等で、10時間かかる計算になります。

1日目は500ℓ中樽で熟成したワインを行いました。2か月間、廣瀬エノログの考えで、酒石を落とすためにワイナリーの入り口に近い非常に寒い場所にタンクを置いておきました。その間に酒石酸はきらきらと輝いたガラス状の酒石となり、タンクの底や壁面に固形物として沈殿してくれま

濾過の方法を説明しながら進める廣瀬エノログ

二人で力を合わせて10時間の濾過を行う

す。この酒石落としを機械で行う場合は、ワインをマイナス4～5℃に保つと1週間ほどで酒石が落ちてくれます。

濾過は時間はかかりますが、ワイン造りプロジェクト終盤の大切な作業となります。まず、濾過器に濾紙を敷いて、しっかりとずれないように留めます。次に、濾紙に水を通して濾紙の紙臭を取ることが大切です。この作業をきちんとしないとダンボール臭い、紙臭さがワインに残ってしまいます。

水もワインも濾過器に通すため、窒素ガスの力を借りて押し出します。ただし、最低の圧力にし、ワインにストレスを与えないようにします。ボンベの圧力をコントロールしながら、少しずつ圧力を与えて、まず、水を流します。濾紙を通って流れ出た水をグラスで受けとめ、紙臭が無くなったことを確かめて、次はワインの濾過です。

濾紙を通って流れ出るワインと濾過前のワインを飲み比べ、「ややおとなしくなっているけど、逆にエレガントになっているかも」などと、本当は無濾過を望んでいた私にとっては、まだ納得できない気持ちを抑えながらも、嫌みっぽく廣瀬エノログに突っかかりますが、私の言葉は聞き流しエノログとして、この濾過がいかに意味を持つかを

濾過後のフィルター

▲濾過後はステンレスの小さい容器で受け取り瓶詰用のタンクに人力で移す
◀濾過の大切さをやっと理解しはじめた私

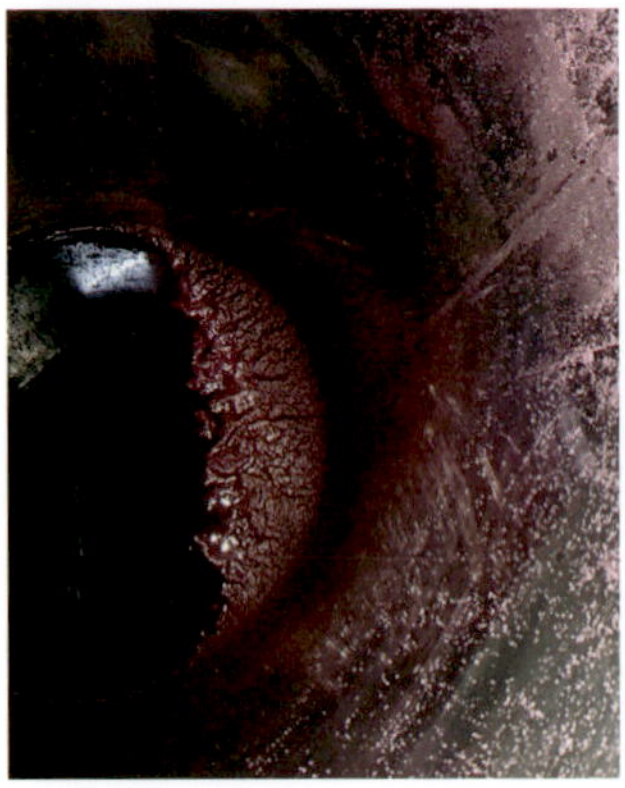

▲厳寒の2か月間ゆっくりと酒石を落とし、タンクの周りと底にきれいにそして充分な酒石と確認
▶濾過前と濾過後のワインを真っ白な雪を利用して比較

話してくれました。「由美ちゃん、この濾過をしないと危険がいっぱい待っているよ。」

勿論圧力を強くすれば、勢いよくワインは流れ、スピーディーに濾過は終わるのですが、それではワインには良くありませんし、ワインの圧力で濾紙が破れてしまうリスクがあります。このスピードは廣瀬エノログの経験が重要となります。私は、ただ話を聞きながら、頷くだけです。濾紙を通って、ゆっくり流れ出るワインを受け止めバケツから最終のコンテナーに移し替えるだけです。ワインは酒石も澱もきれいに底に降りており、濾紙は思った以上に綺麗な状態でした。初日、約５００ℓのワインを濾過するのに使った濾紙はたった5枚でした。

このようにして1日目の濾過が終わりました。翌日は、また同じことが繰り返されます。２日目に参加してくれた山畑技師が窒素の圧力を調整する器具をみてびっくり、「これは、生ビールをサーヴするときに使うものだよ。圧力を強くしていないのと、窒素ボンベに残っている窒素が少ないから昨日は大丈夫だったけど、大変なことになるよ。」と、正しい圧力計に取り付け直してくれました。

瓶詰前の最後のワインテイスティングです。色を確かめるために使ったのは、昨日降った真っ白な雪でした。山幸１００％のワインは、輝きのある透明感、ややグリーンな香りを残しながらも、フランボワーズ、ブルーベリーの香りと新樽熟成による、ほのかなスモーキーのバランスがあります。味わいははっきりとした酸とエレガントなタンニン、骨格がしっかりとあり、ミネラルによる複雑さを感じ、アフターは山幸らしい風味が長く残ります。

一方、山幸80％とツヴァイゲルト20％のワインはチャーミングなスミレとブルーベリーの香り、そして柔らかく、フルーティーな味わいが続く、きちんとした個性と味わいの深いワインとなりました。

もしかすると、このままもう半年ほど樽熟をした方が良かったのか、ボルドーのカベルネ・ソーヴィニヨンを2年近く小樽で寝かすのは、このグリーンフレーヴァをマイクロオキシデーションによって減らすためなのだろうか、とも思いながらも、２日間にわたる濾過を終え、濾過の大切さをしっかりと受け止めることができました。

兎も角にも、タンクの底には酒石と少しの澱が残り、製品となった素晴らしワインは、翌日瓶詰されます。

この時点で、SO_2の量を測り、瓶詰前に酸化防止としてどの程度SO_2を添加するかを決めなくてはなりません。ここで、アルデヒドとSO_2の関係について説明します。

アルデヒドの量が少ないと、SO_2は消費されず、SO_2の量の変化は少なくて済みます。今回は、樽上げしてから１か月間タンクで保存していたのにもかかわらず、SO_2の量は2ppmしか下がりませんでした。また、アルデヒドのような酸化物が少なかったので、ワインは全く酸化されない状態で保存されていました。このことはすなわち、遊離亜硫酸が消費さ

	Etudié 2014 Hommage à Kaneyasu Marutani	Edudié–XYZ 2014
比重	0.994	0.993
アルコール	12.10%	12.00%
エキス分（Ex）	2.6	2.5
残糖（RS）	2.8g/ℓ	2.8g/ℓ
pH	3.37	3.43
総酸（TA）	7.92g/ℓ	7.92g/ℓ
揮発酸（VA）	0.95g/ℓ	0.89g/ℓ
遊離亜硫酸（F-SO_2）	43	43
総亜硫酸（T-SO_2）	76	73
瓶詰本数	568本（750㎖）	429本（750㎖） 93本（1500㎖）

れなかったことを意味しています。これによって、瓶詰前のSO_2（亜硫酸）の添加量を少なくすることができます。

今回は総亜硫酸が予想以上に低く（１００ppm以下が目標）、瓶詰直前にフリーSO_2が45ppmになるようにメタ重亜硫酸カリウムを加えました。結果として、F-SO_2はともに43ppm、T-SO_2は76ppmと73ppmでした。

廣瀬エノログからその後、最後の分析結果が来ました。分析結果を出しておくことは、その後の熟成そしてワインの成長には必ず必要なことです。そして、そのときの遊離亜硫酸と酸度によって、亜硫酸の添加量も決まります。亜硫酸は酸化防止のために、必要です。少ないのはもってのほかですが、逆に多いのも問題があり、常に適切な量が含まれていることが必要です。

瓶詰前の最後の分析結果がでました。これがどのように、ワインの瓶熟に必要なのか、そしてこの数値が瓶熟によってどのように変わっていくのか、飲み頃は何年先なのか、私には未知数のワインです。

*1　濾過の大切さの筆頭は酵母により再発酵することを防ぐ。保存状態によってはバクテリア発酵することもある。1㎛以下のメンブレンを使うと、ワインはきれいになり、変質するリスクはなくなるが、他の成分も取りすぎて香、味が薄っぺらになってしまう。酵母の大きさは5〜10㎛なので、3㎛の濾紙を使えば酵母は理論上ほとんど除去でき、他の成分を取りすぎない。但し、高い圧をかけてしまうと酵母はすり抜けることがあるので、できるだけ低い圧で行わなければならない。

30

瓶詰も手作業で

２０１５年2月23日。ワインのクオリティーを決める最後の作業が、瓶詰です。勿論、一般的には機械でオートマチックに瓶詰してしまいますが、小さなロットの今回のワインのこだわりはグラヴィティーです。酸化を促進させる可能性のある、オートメーション瓶詰は行いません。

ワイナリーに長く寝たままであった、充填器レイメイで瓶詰が始まりました。これは大変な作業です。まず昨日濾過したワインを、重力ですなわち自然に流れ出る位置に設置しなければなりません。リフトで十分な位置に設置し、上から自然の重力で降りてくるワインをレイメイで一本一本瓶詰していきます。この作業だけは、どうしても衛生管理が大切になる最後の作業ということで、瓶詰スタッフが行うこととなりました。

６～７名のスタッフが、手作業の瓶詰をして打栓を行います。この構造は簡単ですが、酸化も抑えられ、ポンプも使わず瓶詰でき、合理的にできています。レイメイ製作所の器械で充填・打栓をした若いワイン醸造技師たちは、何かを感じ取ってくれただろうか、と老婆心ながら考えていました。

ワインは酒類として国税庁に監督されて

います。ワイナリーを訪問すると、タンクに必ず正確な容量が書かれているのを見たことがあると思います。どのようなタンクでもオーク樽でも、そして瓶ですら、新たに購入したときは、実容量を測って報告する義務があります。今回使うことにした瓶は今まで使ったことのないブルゴーニュタイプで、容量も７５０㎖と新しいタイプです。このような場合は、一度に入ってきたロットから１００本を選んで実際に水を入れて計量し、報告してから瓶詰作業に入ります。

ガラス越しにその様子を見ていて、思い出したことがあります。いまから35年ほど前になります。そのころ合衆国ニューヨーク州のイサカに住んでいました。イサカ市はニューヨーク州ワイン産地の中心、ＡＶＡフィンガーレークスの近くにあり、頻繁にワイン産地を訪ね、ワインツーリズムを楽しんでいました。

最後はボトルの液量や不純物の混入をチェック

アメリカは１９２０年から１９３３年まで続いた禁酒法によって、アルコールの規制が厳しい国ですが、一方では禁酒法の名残で、家庭で少量のビールやワインを造ることが許されています。

秋になると、ワイナリーでは「ワイン醸造キット」が販売されます。その中身は「ワ

2月23日、レイメイ充填器で瓶詰（上・中）
充填後イタリア・フェラーリーの打栓器で
1本1本コルク栓を打ち込む（下）

イン用酵母」は勿論、「熟成樽」、「瓶、コルク、簡単な打栓器、温度計」そして「ワインの造り方の本」などです。そうそう、手書きができるラベルも用意されていました。そして、ぶどう栽培農家の入り口には、「Grape Sale!」の看板がかかり、自分で収穫したぶどうを、安い価格で買うことができます。

ある年の秋に、ぶどうを摘み取り、ワインを造ることにしました。まず、「台所でワイン醸造〜Wine Making at your Kitchen〜」なる本を購入し、ワイン造りのノウハウを簡単に勉強しました。というより、その本のレシピ通りに、ワイナリーに行って醸造器具を買い、大きなポリバケツに素手で除梗したぶどうを入れ、酵母を添加して、発酵をスタートさせれば良いのです。

キッチンが暖かかったこともあり、ぶつぶつと元気に酵母が動き出し発酵が始まりました。寝ている時もキッチンから、「ぷつぷつ」、「ぶじゅぶじゅ」、「プッツンプッツン」という音が聞こえてきて、徐々に糖分がアルコールに変わっていることが分かります。

2日目にもなるとその音は激しくなり、ヴィネガー・フライがワインのタンクに入るのを防ぐために発酵槽（ポリバケツ）に薄い布をかけていたのですが、それは真っ赤になり、白い壁にも赤い斑点がついてしまいました。なんと棚に入れてあったジャムも発酵を始めてしまいました。家じゅう、酵母が増殖し蔓延したのでしょう。とりあえず発酵が収まるまで一週間ほどかかりました。その後は樽で熟成させましたが、亜硫酸も入れてありませんので、樽で2か月ほど熟成させただけで瓶詰をしました。

樽上げの日は友達を呼んで、樽から直接ワインを楽しみ、ボジョレ・ヌーボという言葉はまだ知らなかったころですが、フレッシュなワインに皆感激してくれました。

瓶詰と打栓をし、手作りのラベルを貼って、ワインが完成したときはなかなか自分なりに満足したものでした。素人が造ったワインは長持ちしないので、年末までにほとんど消費してしまいました。クリスマスパーティのお土産として持って行ったことを覚えています。ワイン名は当時住んでいたアパートの名前を取って「Fair View Red」としました。

使用した品種はニューヨークの冷涼な気候で育つ、キャンベル・アーリーでした。

そのようなことを思い出している間に、どんどんと瓶詰・打栓が終わり、ワインは熟成コンテナーへと詰められていきます。最後のステージを自分の手でできなかったことは心残りですが、これでわたしが手かけた、「十勝の宝石」造りはほぼ完成となりました。

31 政治家として全うした父に評価してもらいたかった

2月23日、瓶詰が終わりましたが、このワインを一番に飲んでほしかった父は、もういません。でも、もしも父が生きていたら「由美、こんなバカなことはやめておけ！」と怒鳴られていたでしょう。大正生まれの父は非常に頑固で、外では私の仕事や女性に対して寛容ですが、家庭では「女だてらに由美は仕事をして！」と、最初の頃は決して私の仕事を認めてくれてはいませんでした。その為、私はなるべく父に目立たないようにしており、仕事の内容も話したことはほとんどありませんでした。

私が今回とんでもないことを十勝ワインにお願いし、「山幸」のワインを造ってしまったことを父はどう思っているのでしょうか？父に胸を張って伝えるには、このワインが今までにない品質のワインであることがなんといっても必要なことです。このような経験ができたのは、ワイン造りの許可を出してくれた前十勝ワイン所長の内藤彰彦氏と町長の勝井勝丸氏、そして現役の十勝ワインのスタッフの皆さんの理解があってのことでした。

それ以上に過去50年間、十勝ワインを支えてくれた、ワイナリーで働いていた皆さんへのオマージュがこのワインに詰め込まれているといっても過言ではありません。
　父の最後は静かで、人生を全うした感じでしたが、本人はまだまだやり残したことがあると言い、最後の本では、自分の人生を語ろうと本を書き出していました。父にとっての人生は、「政治」でした。最後まで
父に付き添い臨終を看取った姉は、「父に、『今何を話したいの？政治のこと』と問いかけたら、大きくうなずいたそうです」。
　ワイン造りは彼の理想とする、故郷を作り上げるための「道具」でした。十勝ワインを育てた以上はそれが売れて、町民が豊

野生のアムレンシスを前に山畑さん（左）と廣瀬エノログ

▶父（卆寿）のお祝いでアムレンシス最初のヴィンテージ1972を楽しむ

▲父のセラーに長年熟成されていた十勝ワイン

◀130本の十勝ワインがミズナラ材（オーク）で作られた棺に注がれた

かにならなければならないとの使命感から確かに、「トップセールス」をしましたが、それは政治家として、地方自治体の首長として行ったことです。父は最後まで「政治家」として人生を全うした人物です。政治家として父は最後まで色々なことをやり遂げたかったのです。時々、新聞や雑誌に、「十勝ワインの最高のセールスマンであった。」、「トップセールスを行った、丸谷金保」などの記事を見るときがあります。死人に口無しですが、もし父がこれを聞いたら間違いなく反論すると思います。

　父が亡くなる、その1年前の父が次に存在します。

32

最後の公式の場は十勝ワイン創立50周年記念式典

２０１３年6月19日。父が、最後に公式の場で言葉を述べたのは、父が亡くなる丁度１年前のことでした。その日、十勝ワインの創立50周年の記念式典が町内の田園ホールで開催されました。奇しくもその１年後に、父の葬儀が行われた場所です。

日本国中から、十勝ワインの発展に助力してくださった方々を２００名ほどお招きし、式典が開催されました。父はそろそろ足元もおぼつかなくなったこともあり、同行することになりました。朝9時から、ワイン発祥の地に建てられた記念碑の除幕式に立ち合い、その足で記念式典へと向かいました。除幕式には元町長の大石和也さんの奥様も参列されておりました。その後の式典で父は20分ほど、演壇の前で立ったまま、原稿なしで十勝ワイン50年の歴史、そして次の世代へのメッセージを語りました。私がいろいろ話すより、父のこの言葉を伝えたいと思います。父の94歳の誕生日を１週間後に控えた日でした。

「慌てず、焦らず、諦めず」

丸谷金保

十勝ワインが発足してから50年がたった。あっという間の感だが、一番うれしかったことといえば、第4回国際ワインコンクール（1964年ハンガリー・ブタペスト）で銅賞に入賞したときのことに尽きる。池田に自生する山ぶどうが、当時日本には無いといわれていたアムレンシス種の亜系であるということが判ったことからである。私が中央アジアまで足を伸ばして調査の結果でもあった。

早速、ワイン造りをと考えたが、どう手を付けて良いのかわからない。役場内で酒豪と称されていた高橋義夫農政係長に研究費を渡し、「とにかくどこでもよいからワインの研究をしてこい」と送り出した。「研修先を自分で選んで行ってこいの出張には困った。」と後述した高橋君が選んだ先が東京北区にあった国税庁醸造試験所。1年後に帰町しての報告が、「ワインを造るにはぶどうだけでなく酵母が必要だ、酵母は試験所からもらってきたが、試験醸造免許を必要とし、それには研究所の設置が第一だ」とのこと。早速、浄水道の地下室に間借りをして「農産物加工研究所」を設置、勿論初代所長は高橋君とし、机、椅子、試験管、ホーロータンク、それに豆腐製造用万力などを備え、全国自治体では初のワインの試験醸造免許1kℓの許可をもらったのが1963年6月19日である。

「さあワイン造りだ」、土曜日、日曜日には職員が渡辺清蔵林政係長を先導役にして、池田の山々や近くの国有林から採取許可を得ての山葡萄採りだ。これを万力で搾ったぶどうジュースの中に、高橋所長が手に入れてきた酵母を入れて、第一号の仕込みは完了だ。翌年の8月、高橋所長の研修先であった国税庁醸造試験所の研究室長大塚謙一博士が来町、ワイン第一号を試飲した後、「これはいけるよ、今年のハンガリーでのワインコンクールに出品してみては」との言葉が出た。研究所も「池田町ブドウ・ブドウ酒研究所」と改称したことから、「勉強にもなるので出品してみようか」。急いでアムレンシスで醸造の赤ワインに「十勝アイヌ山葡萄酒」のガリ版刷りのレッテルを張って出品をした。ところで、その年、北海道は大冷害に襲われ、

丸谷金保記念館の庭にある（池田町ブドウ愛好家発祥の地）の碑

池田でも秋には農作物が全滅にもなる大被害を農家に与えた。被害対策に目が回るほどの忙しさで、コンクールに出品したことさえ忘れてしまっていた。もちろん希望農家に配布していたぶどうの苗木、約40種は200戸余りの農家でほぼ全滅。「町長に騙された」「やっぱり池田のような寒いところでは無理だ」、朝起きてみると玄関口に「バカヤロー」の紙と枯れた苗木が積んであるほど、町の中には私への強風が吹き荒れ、私についたあだ名が「ほら吹き町長」。それでも、5年前に「新しい農業を創りだそう」と出発した「ブドウ愛好家」の仲間たちの畑では2種類ほどが生き残ったのが、私たちに一筋の光を与えていたのだった。

12月、東京の新聞社から電話が来た。「ハンガリーのコンクールで日本のワインが銅賞に入賞したと、オランダの特派員から連絡があった。山梨などの醸造所を調べてみたが該当がない。思い出したのが、昨年『十勝池田町でぶどう栽培、ワイン造りを始めた』との釧路の通信部員からの連絡があったことだ。ひょっとしたら、その池田町からの出品なのか?と考えて連絡したのだが…」とのことである。「いやその『ひょっとしたら』、ですよ。十勝ワインから出品していました。冷害対策で忙しくて忘れていました」と答えたのだが、翌日から新聞・テレビ・ラジオでの大報道となった。「日本では初の快挙」「自治体ワインが世界へ」「新しいマチづくりの先駆者」などなどのニュースがあふれたのである。町の空気も一変した。「よかった、よかった」の声とともに、「ほら吹き町長」のあだ名が何処かに飛んでしまい、今度はあだ名も「ワイン町長」と変わった。今考えてみれば、北海道中が凶作の暗いニュースばかりの中に飛び込んできた明るいニュースであった。特にマスコミが大きく取り上げたのかもしれないが、寒冷地にぶどう栽培は不可能、ましてやワインづくりなどの反対の声の中で、山にぶどうが自生する限り不可能はないと、学会の定説に反論してきただけに、町の空気が変わり、反対していた人達も素直に喜んでくれた。良きにつけ、悪しきにつけ、賛成派だろうが反対派だろうが、成功を見せたとき、町民は素直に喜んでくれるものだ。私は、そのとき地方自治の原点を見た気がした。

嬉しかったこと、苦しかったことの繰り返しで50年が過ぎた。一瞬のような気がするのだが、振り返ってみると、周りから仲間がほとんどいなくなっている。新しい産業の開拓者になろう。周囲の大反対の中でぶどう栽培に協力してくれた30名近くのぶどう愛好会員がいまは10名も残っていない。ワイン造りの初代所長として研究所を開設し、初仕込みの酵母を研修先から持ち帰った、高橋義夫君。新婚の妻を池田に残し、ドイツで2年間の血のにじむ研修を終えた後、スタートしたワイン造りの基礎を担当、さらには助役・町長にも就任してその前進の大役を担ってくれた同士ともいうべき大石和也君。大石君と車の車輪ともいうべき原料ぶどう苗木の適地・適作品種の選定に先頭を走り続けた望月宗明君もすでにいない。一緒に50年の祝杯を挙げるべき仲間たちが私を残してすでにいない。50年。やはり50年という歳月は、長い長い歳月であったのだろうか…私たちの合言葉は「百年の夢に向かって」であった。50年はその折り返し点でもあるのだが、折り返し点に立って町民に是非、実現を願いたい夢を提案したい。

それは、町有地として手つかずで残してある300haの「乳飲み沢の森」を「山ぶどうの森」にしてもらいたいことである。十勝ワインのスタートのきっかけとなった、そ

十勝ワイン50周年式典に参加してくれた、日本ソムリエ協会の役員と記念撮影

して国際コンクール入賞で実現に希望を与えてくれたアムレンシス亜系の山ぶどうがたわわに実る、「山ぶどうの森」実現の夢である。リースリング種で200年かけての育成で確固たる地位を確立したドイツだが、日本人の私たちの頭脳、努力を持ってすれば、百年でその夢は実現し、世界のワインとしてどこの国にも負けないワイン王国「池田町」が実現すると思う。だた、一つ心配なのが「熊」の問題である。それだけ立派なぶどう畑ができれば、北海道中の熊が寄ってくるに違いないのが心配なのである。池田町民の皆さんで知恵を絞って熊は大丈夫のような森を作ってもらえれば、世界のどこにも負けない独創の酸味を持ったワインが誕生すると思うのだ。色々な問題がこれからも出てくるに違いないが、南方原産の稲でさえ、この極寒の池田で生育に成功させた先輩たちの血を継ぐ池田の町民の皆さんに、不可能の文字はないと思うのだ。50年の折り返し点に立つ今、百年に向かい町民みなさん頑張ってもらいたい。夢は必ず実現する。孫の代に十勝ワインが世界で胸を張れる名産となる日を、町民の皆さんに期待するのが、私の夢である。

（マルタニカネヤス。町民誌「ふんべ」より）

さて、父の話に出た「乳飲み沢」は3年たった今も手つかずです。話に出てくる「熊」は、新しいことへの挑戦を諦める、あるいは阻もうとする「人間」でもあります。この挨拶は、十勝ワインの将来、そして池田町を真剣に考え、取り組む若者の出現を待っている父の最期の叫びです。

33

廣瀬エノログの話

スペシャルキュヴェのエノログ、廣瀬秀司氏に自身を語ってもらいます。

私の家に帯広税務署で酒税担当の藤田守信さんという方が下宿をしていて、部屋には、スコッチ、コニャックと様々な酒類が置いてありました。

1964年、中学一年の時、山ぶどうを採ってきた私に、藤田さんは、「ぶどうの粒だけをビンに入れ、箸で突いて潰し、砂糖をぶどうの一割くらい入れておくと、1週間位で美味しいジュースになるよ、そのとき、栓はしちゃダメだよ」と話してくれました。

早速試したものの、1週間もビン口を開けっ放しにすると埃等が入ってしまうと思い、コルクで栓をしたのです。数日後、学校から帰り部屋を開けると畳が真っ赤になっていました。掃除をしながらビンに残った泡だらけのピンクの液体を嘗めたところ、香りが良く、甘酸っぱく、なんとも言えない美味しさに驚きました。

藤田さんにその話をしたところ「発酵したか！何だかわかるか？葡萄酒だぞ」。これが、ワインの発酵との最初の出会いでした。「ぶどうの甘みがアルコールに変わる」、その不思議さに魅了された私に発酵を教えて

廣瀬 秀司プロフィール

北海道音更町生まれ。
1974年帯広畜産大学農産化学科卒業後、醸造係技師として池田町ブドウ・ブドウ酒研究所(十勝ワイン)勤務。1977年ブルガリア、オーストリア、西ドイツ、フランスでワイン製造研修、1979年12月〜1980年1月フランス、コニャック地方でコニャック蒸留研修、1980年〜1981年に掛けて、ボルドーでワイン醸造及び品質管理とコニャックの蒸留及び熟成理論を学ぶ。十勝ワインで、ワイン醸造を続ける傍ら、1985年と1986年には中国でワイン醸造を指導。2006年から2008年まで、日本農芸化学会評議委員。十勝ワイン退職後は、2015年まで池田町ブドウ・ブドウ酒研究所技術専門指導員として後輩への指導を行う。

くれたのが、藤田さんでした。

その後、藤田さんは一冊の本を見せてくれました。当時酒類のバイブルと呼ばれていた、坂口謹一郎著「世界の酒」(岩波新書・昭和32年)でした。この本を読んで翌年には(中学二年)、帯広市内の科学機器店に行き、三角フラスコ、アルコールランプ、ガラス管、コルク栓を買ってきて、ワインの蒸留に挑戦してみました。その香りをかぎながら、酒づくりへのあこがれが益々強くなっていったのです。

高校では、北大農学部の大学院出身の柿本顕敬先生から有機化学を学びました。身近な発酵食品である、酒、漬け物、味噌、醤油、ヨーグルト、チーズの造り方を例に、有機化学の一端をわかりやすく教えていただきました。帯広畜産大学では、農産化学(食品化学)を専攻し、憧れの、十勝ワインへの就職が決まった時(1973年12月)、一番喜んでくれたのが、恩師の柿本先生でした。

酒類の製造家に導いてくれた、税務署の藤田さん、高校の柿本先生、生涯の先生と慕うことになり、最期までワインの話をしていただいたワイン町長の丸谷金保先生と、師と仰ぐ人との出会いがあってこそ、今があるのだと思います。

1977年、初のヨーロッパ研修で蒸留を教わったのは、フランスの大統領となったフランソワ・ミッテラン氏のお兄さんジャック・ミッテラン氏でした。彼の作品「ドゥニ・ムニエ〝エキストラ〟」は、今までに味わったことのない絶品のコニャックで、衝撃を受けました。

同じ年、ブルガリアのスラヴィアンチで教えられたことは、「機械・機器を使っていなかった昔の方が、今よりはましな美味いワインを造っていた。それは、毎日ワインを利き、適切な次期を見極め、不必要なことはしなかったからだ。」ということでした。ワインの品質は、ぶどうの質に依存していますが、造る人間の感性、情熱、醸造方法によって出来上がりは違ってくることを強く実感しました。

１９７９年６月、あるコニャック会社の社長アンドレ・ルイ・ロワイエ氏が来町しました。その後の私の仕事に多大な影響を与えてくれた方です。十勝ワインの醸造者に蒸留の概略、熟成方法を丁寧に説明した後、最後に自信を持って彼は言いました。「コニャックは金よりも高価なのだ!!」と。また「もし自分の所（コニャック）に来たら、全て教えてあげるよ」と。その言葉を信じ、その年の仕込みが終了後、彼に、１９８０年正月、コニャックへ行きたいと手紙を出したところ、直ぐ承諾の返事が来、12月末に2週間の休暇をとり、フランスへ発ちました。

コニャックでの約1週間、朝から寝るまで彼の所に滞在し、コニャックについてはもちろん、また食事とワイン、フランス文化等、様々な経験をさせていただき帰国しました。帰町して直ぐ、当時の大石所長から、「コニャックで勉強してこい」との業務命令が出ました。嬉しかったのですが、でも焦

池田に帰る毎に廣瀬さんに熟成進行情報を教えてもらう

りました。と言うのは、私はフランス語が全くできなかったからです。

7月末にフランスへ発ち、1か月間語学学校に通い、9月にロワイエ氏の所に行ったところ、蒸留は12月から始まるから、それまでの間ボルドーへ2か月間、ノルマンディーへ1か月間行って、ワインとカルバドスを勉強してきなさいと言われ、直ぐにボルドーへ発ち、ボリー・マヌー副社長のフィリップ・カスティジャ氏を訪ね、働くことになりました。任されたのは、ワインの分析で、その日からメートル・ド・シェ（工場長）直属の品質管理室に配属され、アルコール度数、総酸、亜硫酸等の分析を任されました。分析値を確認しながら、メートル・ド・シェと試飲し、ワインのキャラクター、素性、そしてどこが良いか、どこに問題があるか、丁寧に説明してくれました。この2か月間はそれからのワインづくりにどれほど有意義なものになったか計り知れません。

11月になり、次は、約1か月間カルバドスのコルメイユ村という人口1200人の小さな村へ移りました。ペイ・ドージュの真ん中に位置し、カルバドス蒸留の中心地です。毎日コンクリートが敷き詰められた広い集荷場にダンプ・トラックでリンゴが運ばれ、山積みにされて、その脇に造られた側溝に水流で流し込み、圧搾場へ送られていく。さながら北海道のビート工場のようでした。水洗後、直ぐに圧搾、タンクへ移され、野生酵母しか使えないので発酵は年を越します。蒸留したてのカルバドスそして、30数年熟成されたカルバドスと、今まで経験したことのないその味わいで、目から鱗の毎日でした。

12月、コニャック地方のジャルナックへ戻り、ロワイエ社傘下のペイラ蒸留所で、アンドレ・ロー氏に蒸留の基礎から学び直しました。ロー氏はファン・ボワ地区に自社ぶどう畑を24ha持ち、そのワインを蒸留する他、他地域のワインも扱う蒸留屋だったので、蒸留直後の地域別コニャックを毎日試飲することができました。

その間も、14㎞離れたロワイエ社を往復し、樽熟成、ブレンド等について学びました。ロワイエ社長からは、いつでも、どこにでも出入りできるようにとマスター・キイを渡され、そして、昼食のデザートに両社とも最高のコニャックを飲ませてくれました。ペイラ蒸留所ではパラディ（天国）で加水無しで自然にアルコール度数が下がった100年以上熟成した、グランド・シャンパーニュ、そしてロワイエ社では、最高級のグランド・フィーヌ・シャンパーニュ・エクストラを味わいました。

「山幸」は1978年に品種交配された品種で、1980年代に入ってから毎年少量の試験仕込みを続けてきました。今まで仕込んできた、清見、ツヴァイゲルトとは違った独特の個性を持っていると感じていました。

1980年代の後半から栽培面積の拡大により、収穫量が増え、試験仕込みから機械を使った大量仕込みになってから、自分の中での「山幸」の評価が変わってきました。「これは、試験仕込みをした時の山幸と同じ品種なのか？」と。「山幸」の特徴である青臭さは特徴ではなく欠点ではないか？青臭い香はぶどうに由来するのではなく、発酵タンクに入ってしまった、『梗』から出ているのは明白でした。その梗を取り除いて、発酵させれば、「山幸」本来の香が醸し出され、違った物になるのでは？どうやったら梗を除去できるか？それは、手間暇をかけた人海戦術を使えばよいのではないか？そして、発酵、圧搾、澱引き、熟成、清澄処理を、できるだけ酸化させないで行うにはどうしたらよいか？ポンプ無しではできないのか？

疑問だらけの中で、2014年のヴァンダンジュ（収穫）が始まりました。

34

終わりに、父に寄せるオマージュ

父の政治家としての思いは、父が今までに書いた本にゆだねるとして、その父の最期のことを少し話しましょう。

父は亡くなる20年ほど前から、家人の反対をよそに「土葬」を決めておりました。決めたら後には引きません。まず、自分が入る棺桶を池田に自生する『みずなら』で造ることを計画し、自分のサイズに合った形にオーダーしてしまいました。みずなら材は北海道、特に道東に広く分布する、オークの一種で、ワインの熟成樽に使われるものと同じ品種です。

今、フランスではオークの木が不足しています。熟成樽がフランスの高級ワインだけでなく、世界各地で使われるようになったためです。これから、北海道産オーク樽が出てくる可能性があります。この木は堅く、密閉性があることも液体のコンテナーとして、ケルト人が使い始めたのが今に至っています。ドイツやイギリスまで遠征したローマ人は、この木製のコンテナーに出会い、ワインをそれまでの素焼きのアンフォラでの保存から、樽に変えたのでした。

話が少し脱線しましたが、その父は意思通り土葬となり、今も故郷池田に眠っています。父が拘ったことのもう一つが、土葬のときには、自宅の地下に保存してある、「十勝ワイン」のボトル全てを自分と一緒に棺桶に入れるようにとのことでした。古い十勝ワイン約130本を選び、ワイン友の会のメンバーに手伝ってもらって、土葬の場所で抜栓し、会葬者の皆で、棺桶に注ぎました。驚いたことに、20年も前に製造された、なら材の棺桶からワインが一滴も漏れることなくすべて綺麗に収められたことです。今も、真っ赤になって地下深くで、ワインを楽しんでいることと思います。

亡くなる1か月前、丁度5月の連休に父を訪ねたときは、一緒に大ぶりのグラスで十勝ワインを飲みました。体は徐々に弱っているものの、ワインと食を楽しみ、政治の話をし、病気は一切せずに老衰で息を引き取った父を見て、改めて意志の強さをもって人生を全うした父に尊敬の念を持ちました。そして父が築き次の世代が受け継いだ、十勝ワインを立派に後世に伝えることの重要性を強く感じるようになりました。

父が残した、「焦らず、慌てず、諦めず」は私の座右の銘として使わせていただきます。

35

エピローグ

２０１４年10月20日（月曜日）最初の日にもどります。収穫はとても大切なスタートです。それに、ボランティアで参加してくださった全員の収穫そして選果。悪い粒は一粒も混じらないように、梗は全て取り払うという姿勢、心の奥から「美味しい十勝ワインを造りたい」という言葉が聞こえてきました。当時一緒に参加してくださった皆様に心より感謝いたします。

10月20日（月）
「田辺由美と一緒にワインを造る」参加者
（敬称略、順不同）

田辺由美のWINE SCHOOL
帯広校の先生・生徒そして賛同者
田中健二、池田亮、高井智美、阿部誠、中川芳明、藤田真理、茶畑志織、今野祐介、今野理恵、吉野祐一、庵原義文、庵原えい子、田辺由美
池田ワイン友の会の皆様
片桐修平、中林司、藤原知樹、谷本忠雄、廣瀬秀司、小林ますみ、西坂達雄、川口政憲、伊藤健輔、神弘、大井勝海、安井美裕、中谷実、内藤彰彦、井上朋一

《収穫と選果の依頼文》

「最初に、亡父の密葬そして町葬に際しては大変お世話になり有難うございました。土葬の際には皆様にお手伝いいただき、父の遺言の『十勝ワインと一緒に天国へ』を叶えることができました。改めまして御礼申し上げます。父を亡くしてから『父へのオマージュ』として、２０１４ヴィンテージを造ってみようと考えるようになりました。父そして私が愛してやまない、故郷池田で育種されたぶどうを原料とすることは勿論のことです。具体的にどのようにできるかは非常に不安でしたが、内藤所長及び安井営業課長（共に当時）にご相談しましたところ、ご協力いただけることとなりました。また、その後、同窓の伊藤健輔氏にご相談しましたところ、皆様に問い合わせてくださるとのことで、非常に感謝しております。つきましては、皆様にご一緒にワイン造りに携わっていただけますよう、心よりお願い申し上げます。」

実際にお願いしたい件は、下記の通りです。

1　10月20日（月）9時〜千代田にある町で管理している陶久園のぶどう畑での収穫

2　収穫するぶどうは「山幸」で、20kg容（実15kg）のコンテナーでワイナリーへ運ぶ

3　昼食後、ワイナリーにおいて、除梗したぶどうの選別（選果）

4　発酵槽にセレクションしたぶどうを顆粒のままで入れる

以上の作業です。大体20名から30名ほどで作業を進められればと思っております。ご参加いただける人数にもよりますが、5時には終了できると思います。その後は私もできる限り池田に帰り、撹拌や圧搾、澱引き、木樽熟成の作業等を実際に行いたいと思います。その折にはお時間の許す限りご参加ください。また、今回の一連の醸造

工程においては、内藤所長を初めとする十勝ワインの製造の皆様、そして、十勝ワイン・技術専門指導員の廣瀬秀司氏の多大なるご指導の下に行わせていただきます。以上簡単ですが、多くの方のご協力をいただけますよう、お願い致します。（２０１４年9月吉日）」

ついでに

この文章の締めくくりを私はフランスのボルドーのホテルの一室で書いています。明日から始まる２０１５年ヴィンテージ、プリムールの試飲を行うために今日からボルドーに来ています。ボルドーのシャトーワインは、これから20年、30年と熟成させてからが最もおいしい飲み頃となります。ところが、その品質をまだ樽熟をして数か月しかたたない、この時期に試飲をし、評価を与えてしまいます。プリムール価格、いわゆる先物買いの品評会的な催しです。

この時期に世界中のワイン・ジャーナリスト、ワイン評論家が集まり、ワインを評価します。この評価がワインの価格に反映されてしまうのですから、シャトー・オーナーにとっては1年で一番大切な一週間となるわけです。

そのプリムール試飲会の前日、サンテミリオン・グラン・クリュ、シャトー・ブティスにオーナーのグザビエ・ミラード氏を訪ねました。彼は、幻の品種、カルメネールを甦えらせた人物です。実は、ボルドーの古来品種は、マルベックとカルメネールです。しかし、カルメネールはフィロキセラ害以降、ボルドーから姿を消してしまいました。たまたま残っていた樹を見つけ、長年かけ、クローン選別を繰り返し、カルメネールに合う台木を見つけやっと栽培するまでになり、現在ボルドーでカルメネールの栽培面積は最大です。ボルドーの野生ぶどうを甦らせる夢を叶えた、ミラードさんの話を聞けたことは、「山幸」への夢を追いかけた私には、かけがえのないことでした。

父が最初に浄水所でワインを造り始めたとき、よく一緒にその場に行きワイン造りを見ていました。ワインをままごとのような道具で一緒に搾ったことを、昨日のことのように覚えています。そのときは誰も十勝ワインのことなど知らず、50年も続くとは思っていなかったかもしれません。

このところ、日本ワインが急にブームになり生産者の鼻息も荒くなっています。でも、ワイン造りはぶどう造りそして人づくりです。父は政治家としてワインを通して町創りを行いました。私は、ワインを通してどのようなことができたのでしょうか? そして、次の世代に何を残せるのでしょうか?

今から2000年以上前、ローマ時代から続くワイン産地のボルドーを支える多くのぶどう栽培農家やワイン醸造家と会いながら、池田町の、十勝の、北海道の、そして日本中のワイン産地の発展を真剣に考えるべき今こそ、「焦らす、慌てず、諦めず」の精神を持ち続けることを改めて心に抱いています。

この本の出版にあたり、ワイン醸造に関する記述の間違い、私の思い違い、日程、数字などを細かく校正してくださり、専門用語の説明を頂いた廣瀬秀司エノログ、長年お世話になっている飛鳥出版の鈴木利康社長、素敵なレイアウト・編集の労を取ってくださった大類恵代様に心より感謝いたします。

補足 1

ラベルとワイン

十勝ワイン Etudié 2014
Yamasachi Cuvée Spéciale
Hommage à Kaneyasu Marutani

「山幸」100% (北海道十勝池田町)

アムール川を源とするヴィティス・アムレンシスは十勝のテロワールに育まれた自生品種です。そしてアムレンシスを長年交配・育種して創り出されたのが「山幸」です。2014 年の恵まれた天候のもと育ったぶどうを丁寧に手作業で選別し、搾汁率 65%、フレンチオークの新樽で 12 か月熟成させました。このワイン造りのコンセプトは「山幸」のポテンシャルを探し、最大限に表現することです。収穫から瓶詰まですべて手作業で行ない、グラヴィティー、樽熟成後は清澄剤処理を行わず、自然に酒石を下げ、そしてほぼ無濾過状態で瓶詰しました。トップノーズのインキーな香と新樽によるナッティーさが調和し、口中での柔らかなタンニンと酸に裏付けされたフレッシュでエレガントな味わいが続きます。飲む 1 時間ほど前に抜栓しますと、さらに美味しくいただけます。また、10 年以上の熟成が期待できます。

(生産量 568 本@ 750mℓ)

* Etudié は念入りに準備され、考慮し、創意工夫を凝らした研究という意味で、今までそしてこれからも研究を重ねる、十勝ワインの姿勢を表現しています。

十勝ワイン Etudié- XYZ 2014

山幸80％（北海道十勝池田町）
ツヴァイゲルト20％（北海道後志仁木町）

アムール川を源とするヴィティス・アムレンシスは十勝のテロワールに育まれた自生品種です。そしてアムレンシスを長年交配・育種して創り出されたのが「山幸」です。2014年の恵まれた天候のもと育ったぶどうを丁寧に手作業で選別し、搾汁後、500ℓフレンチオークの新樽で12か月熟成させました。樽熟成時にツヴァイゲルト20％をブレンドし、まろやかさと果実風味を加味しました。収穫から瓶詰まですべて手作業で行い、ほぼ無濾過状態で瓶詰しました。輝くルビー色、ブルーベリーの芳香、そして山幸とツヴァイゲルトのブレンドによってフレッシュな酸と果実風味が調和したバランスの良い味わいが楽しめます。

“XYZ”は「十勝」、「山幸」、「ツヴァイゲルト」のそれぞれの頭文字です。

（生産量429本@750mℓ、93本@1500mℓ）

補足2

十勝ワイン（池田町ブドウ・ブドウ酒研究所）のミニ知識

１９５６年、「赤字再建団体」の指定を受けた池田町は「農業振興」によって、地方自治体の再建を試みました。町内に多い未利用の傾斜地も活用できるとの考えから、１９６０年にブドウ愛好会が結成され、厳寒の地でのぶどう栽培といった壮大な挑戦が始まりました。

まず注目したのが野山に自生する「山ぶどう」で、ハバロフスクにある当時の極東農業科学研究所の鑑定により、十勝地方に自生するぶどうがアムール川流域に自生し、ワイン醸造用に適している「アムレンシス」の亜系であることが明らかになりました。

１９６３年には果実酒類試験製造免許を取得し、国内では最初の自治体経営によるワイン醸造を手がけはじめました。

１９６４年、この山ぶどうから造られた「十勝アイヌ山葡萄酒」を、ハンガリーのブダペストで開催された第4回国際ワインコンクールに初出品したところ、みごと銅賞を獲得することが出来ました。１９７４年には山ぶどうから造られた「十勝ワインアムレンシス 1972」を発売。幻のワインとして珍重されたのが、十勝ワインの歴史の幕開けとなったといっても過言ではありません。

十勝地方は亜寒帯に位置し、典型的な大陸性気候です。冬期間は最低温度がマイナス20度を下回ることも頻繁にあり、冬の寒さとの戦いがぶどう栽培に課せられた試練です。

生育期は恵まれており、春から秋までのぶどうの成熟期が総体的に冷涼であり、結果的に酸味の豊かなぶどうが収穫されます。長期熟成可能な高品質なワイン醸造に適した条件となります。夏の最高温度は30度を超え、道内有数の高温となる地域であり、更に、ぶどうの成熟期である秋口には乾燥が進み、気温の日較差が大きくなることも好要因です。

植物は光合成により糖分を生成し、呼吸により分解していきます。池田町では、秋のベレゾーン期（果実の水周り期：果実が柔らかくなり始める時期）には、昼間は好天に恵まれ光合成が活発に行われ、糖分が蓄積されていきます。反対に夜間は温度が下がり、呼吸による糖分の消費は抑えられ、そして着色が進みます。

ぶどうの収穫期には例年乾燥した秋晴れが続くため、病気の発生に悩まされることもなく、毎年健全なぶどう収穫が可能となります。また、冬期間の厳寒条件も時として、ぶどうにプラスに働くこともあります。厳寒条件下では、土中の病害虫などはほとんど死滅して病虫害から守られることとなります。厳寒の地である池田町では、そういった病害虫も冬期間の寒さのため死滅することとなり、フィロキセラ対策を目的とした接木の必要性はありません。

一方、世界の著名産地と比較すると、積算温度が低く、生育期7～9月は必ずしも日照時間が多いというわけではなく、降水量も決して少なくないのです。開花時期は、早くても6月中下旬、「清見」などでは7月上旬という場合も多くあります。仮に、7月上旬から１００～１１０日後となると、

10月中旬以後となってしまい、強い霜などによってぶどうの葉も落ち、結果として十分に熟さないということもあるのです。

土壌は火山灰土で通水性が極めて良いこと、2点目に砂礫を多く含み土壌の保温が良いこと、そして3点目として腐植度が高いことです。これら3つのポイントの特性をもった町内3箇所（千代田地区山畑園・陶久園の2箇所、清見地区1箇所）で栽培を行っています。

池田町がぶどう造りの試験・研究に最初に着手した圃場がこの地区で、池田町を代表する品種「清見」を生み出し、現在は「清見」のほか、耐寒性交配品種などを栽培しています。

栽培ぶどう品種は、在来品種の「山ぶどう（アムレンシス亜系の一種）」、１９６６年、フランスで育成された「セイベル 13053」を5シーズンかけてクローン選抜を行い改良した品種「清見」、そして交配品種の「清舞」や「山幸」があります。

また、北国の酸味豊かなぶどうは、格好のブランデーとスパークリングワインの原料となります。十勝ワインではワイン製造を開始した翌年の１９６４年にブランデー製造を開始し、今年で製造開始から52年を迎えました。瓶内二次発酵のスパークリングワインを日本で初めて生産したのも十勝ワインでした（１９８０年製造開始、１９８５年発売開始）。

近年は、アイスワインの生産にも着手し、収穫時期を2か月程遅らせ、最低気温がマイナス12～13度を下回る早朝、自然に凍結したぶどうを収穫します。耐寒性交配品種「山幸」や「清舞」が誕生したことにより、ぶどうを樹上凍結できる環境が整い、「山幸」を使用した赤ワインタイプのアイスワインが製造できるようになりました。

（十勝ワイン所長安井氏の「ワイン塾」での資料より抜粋）

田辺《たなべ》 由美《ゆみ》プロフィール

ワインアンドワインカルチャー株式会社代表取締役社長
ワインアンドスピリッツ文化協会理事長
北海道池田町（十勝ワイン産地）生まれ。父は「十勝ワイン」の発案者で、元池田町町長・元参議院議員の丸谷金保（2014年6月没）。津田塾大学数学科卒後、アメリカ合衆国ニューヨーク州コーネル大学にてワインの知識と経験を積み、1992年「田辺由美のワインスクール」を開設。多くのソムリエを育て、延べ生徒数は1万人を超える。一方、日本を代表するワイン専門家の一人として世界のワイン産地を訪れ、ワインコラムの連載、ワイン関係の著作など執筆活動も積極的に行い、2009年には長年の功績が認められフランス政府より「フランス農事功労章」を授与。2015年、北海道道庁主催「道産ワインブランド化強化事業・ワイン塾」の名誉校長に任命される。2015年12月、一般社団法人日本ソムリエ協会より「名誉ソムリエ」を受章。親子2代の受章は初めて。その他、ボンタン・ド・メドック・エ・グラーヴ（ボルドー）、シュヴァリエ・ド・タストヴァン（ブルゴーニュ）、ジェラール・ド・サンテミリオン（ボルドー）、オードル・デ・コトー・ド・シャンパーニュ（シャンパーニュ）の各授章。2013年に女性の視点からワインを審査する"SAKURA"Japan Women's Wine Awardsを立ち上げ、新たな啓蒙活動を始める。
著書に「田辺由美のワインブック」「田辺由美のワインノート」（共に飛鳥出版）、「南アフリカワインのすべて」（ワイン王国）他。

参考文献

十勝ワイン・ジェネシス 1963-2013（池田町ブドウ・ブドウ酒研究所）
田辺由美のワインブック2016（飛鳥出版）
新しいワインの科学 ジェイミー・グッド著・梶山あゆみ訳（河出書房新社）

由美ちゃん、ワイン造るの？

2016年6月3日　初版発行

著　者　田辺由美

発行人　鈴木利康
発行所　飛鳥出版株式会社
東京都千代田区神田小川町3-2 〒101-0052
電話 03-3295-6343

装丁・本文デザイン
大類恵代
写　真　フォトグラファー 箕浦伸雄
その他本人及び友人提供
印刷・製本　富士美術印刷株式会社